JN298234

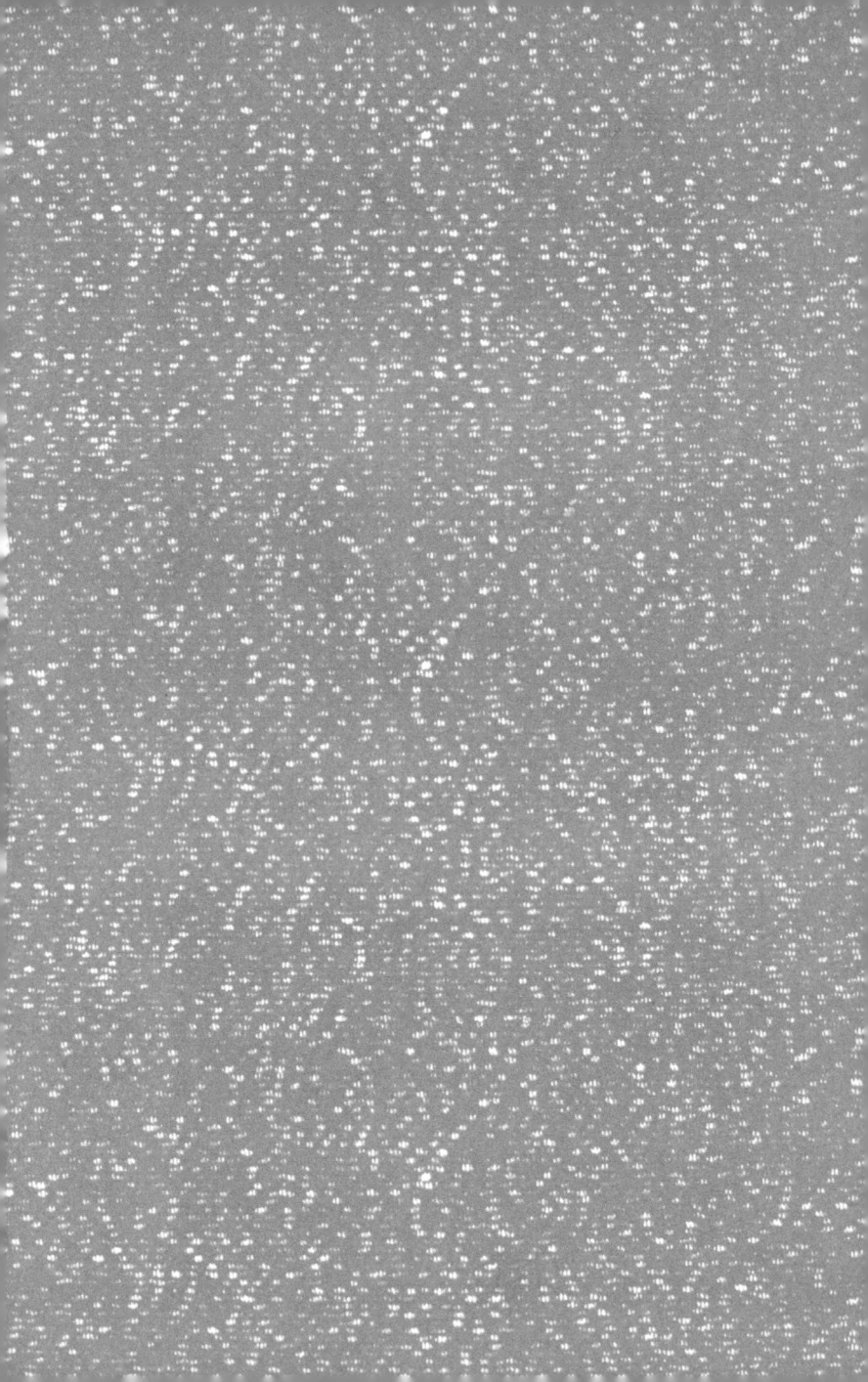

「テレビ鑑賞家」宣言

モリッシィ

情報センター出版局

まえがき

年に一度、恒例として発表されている「ベストジーニスト」。これにはハガキやネット投票による「一般選出部門」と、日本ジーンズ協議会加盟二五社が選ぶ「協議会選出部門」がある。「協議会選出部門」は、スポーツから政治まで各界の旬の人物を、ジーンズ好きであろうとなかろうと担ぎ出して、授賞式を華やかに彩ろうとする。たとえば二〇〇八年は、北京五輪フェンシング銀メダリストの太田雄貴がさっそく選ばれている。われわれは彼のフェンシングスーツ姿、日本代表ジャージ姿、この二つ以外見たこともないが、話題づくりのために用意された賞とはこんなものだろう。

注目すべきは「一般選出部門」である。こちらが本当に公正な投票結果を反映させたものかはわからない。しかし、少なくとも手続きがそうなっている以上、世間がその折々に描いた「ベストジーニスト」像として広まり、定着しているはずである。

さて、「ベストジーニスト」といえばあなたは誰を思い浮かべるか。「草彅剛」だろうか、「浜崎あゆみ」だろうか、それとも「吉幾三」だろうか。いや、誰をさしおいてもまず「木村拓哉」のはずである。

「ベストジーニスト」という賞は、じつは木村拓哉がつくったものなのだ。記憶のなかの同賞を振り返ってみてほしい。キムタクよりもまえに遡ることができるか。できないとすれば、それは「木村拓哉がベストジーニスト賞をつくった」ことの証明なのである。

実際に賞が設けられたのは一九八四年、バブル景気のはじまる数年もまえである。初の一般選出部門受賞者は、驚くなかれ、郷ひろみ、浅野ゆう子だった。この顔ぶれが示唆する時代のファッションは何か。昔ながらの「芸能」の延長上すなわち「つくられたカッコよさ」であり、正統なお洒落のひとつとしてのジーンズである。当時、ジーンズに革靴、ジャケットのスタイルが流行していたことを合わせると、われわれにとってのジーンズは、たんにボトムスのひとつ、たまさか「インディゴブルー」に染められた、デニム地のはきもの」にすぎなかった。

木村拓哉が初めてベストジーニストに選ばれたのは、賞の創設から十一年目、一九九四年のことである。そこから、キムタクとジーンズの二人三脚、いや二人二脚で「ベストジーニスト賞」の輝かしき歴史がつくられていく。九八年、一般選出部門五年連続受賞におよび、木村はお役ご免となり（初の殿堂入り）、ＳＭＡＰの同僚・草彅剛にバトンタッチすることになる。

キムタクは、この間に目を見張るような芸能的跳躍をやってのけた。同時にそれは、ジーンズをも跳躍させる。「芸能スタイルとしての自然体」、そして、「ライフスタイルとしてのジーンズ」の〝発見〟である。

もとより「ジーンズが好き」イコール「堅苦しいことは苦手」という図式は存在した。が、それはあくまでも「フォーマル」の対抗文化、あるいは退行文化であった（ヒッピー、アウトロー）。キムタクが提案したのは、そのいずれでもない。彼はまるで、それがそこにそのままあったかのように、ジーンズをはいたのである。

「自然体」「ナチュラル」という言葉が、キムタクの登場とともに脚光を浴びる。ジーンズはその象徴的アイテムとして壇上にあがり、同時に無意識化されていった。「ベストジーニスト」という言葉は、もはやブルージーンズの似合う芸能人というだけではない。ライフスタイルも含めたその人となりであり、はきこなし方が問われるようになったのである。

キムタクがベストジーニスト四連覇を達成したときの、授賞式のセリフを今も忘れられない。

「服で自分に嘘をつかないことですね」

自然体は、初め芸能地図の中から要請されて生まれた〝商品〟だった。なぜなら、われわれはキムタクの友達でもなんでもない。彼の提案する自然を、テレビや雑誌といったメディアを通してしか知りえないのである。この発言は、受賞時の勝者の弁であり、キャッチコピーでしかない。キムタクがファッションにおいて嘘をついているかどうかは、じつはどうでもいいことである。

しかし、それがあたかもリアルな出来事として、それ以上外皮を剝くことのできない果実の中心部として、われわれの口にそのまま放り込まれていく時代が訪れることになる。

さて、「テレビ鑑賞家」ことオレは、キムタクにもジーンズにも恨みをもつものではない。いやむしろ、そうした反感《ルサンチマン》のないことが、テレビ鑑賞家の第一の条件である。なぜなら、テレビと、それを通して観るすべての事象は、その消費関係においてはつねにわれわれの連戦連勝だからだ。

その証拠としては、われわれの手元にリモコンというものがあって、それをいつだって好き勝手に押すことができるという点を挙げればじゅうぶんである。それでも合点がいかないあなたには、次のように問いかけたい。

「一番最近、いつテレビに負けた？」

ベストジーニストの隆盛や、キムタクの勝者の弁に対し、われわれは単純な肯定でも否定でもなく、「鑑賞」という姿勢をもって望みたい。その中身は、すでにみてもらったような「積極的な読解」であり、「イヤらしい見方」である。われわれに「正しい見方」はいらない。個々人にとってのおもしろこそ無上と位置づける。ゆえに、鑑賞の世界には勝者も敗者もない。

音楽には音楽鑑賞と音楽批評が、映画には映画鑑賞と映画批評が、履歴書に書き込めるようなエスタブリッシュされた趣味として、案内や権威として存在する。テレビには、むろんそんなごたいそうなものは必要ない。定食屋で味噌汁をすすりながら、あるいは電気屋の店先で、十分、いや十秒でも目にすれば、もうそれはテレビである。そこに鑑賞という態度さえあれば、内側には驚くほど広い世界がある。なぜならテレビは、音楽も映画もスポーツも、すべて飲み込んでしまっているのだから。テレビ画面を通して観たものがたまたま政治であったならは、それはそのまま「政治鑑賞」であり、それがたまたま石原良純であったなら、「石原良純鑑賞」である。

ハードとしてのテレビ受像器が薄型になり、大画面になって、まるで壁そのものになろうとしている今。われわれはその壁を、透明な存在として無意識の隅っこへ追いやろうとしている。同時に、伝達形態としてのテレビ放送は、ワンセグとなって手中に収められ、あるいはパソコンのハードディスクに直接格納されてしまうようになった。家庭の中心にテレビがあり、家具調度品のような存在感を放っていた頃とは違う。ならば新しい時代に見合った、より進化したテレビへの接し方が必要になってくるはずだ。そこに、はたして「テレビ鑑賞家」の存在する契機がある。

本書は、木村拓哉がベストジーニスト四連覇を達成した九七年九月から、その記述を開始する。無意識にテレビを観ているうっかり者たちを被害者とし、また共犯者＝加害者としながら、時代はあるひとつの方向へ進んでいくだろう。初出は雑誌の連載コラムであり、書き手の目線は時代の目撃者として定義づけられている。こうして現在に至るまでの十余年をいちどきに見渡したとき、そこに何が浮かび上がるかは、当時の書き手が知るよしもない。

分けられた三つの章は、あたかも〝地層〟のように明確な時代を形成しているが、その境界線は、現在の筆者からみた恣意的なものである。「正しい見方よりもイヤらしい見方」をもって、もう一度この膨大な原稿に他者として向き合い、解釈した結果にすぎない。

ここにわれわれは、「テレビ鑑賞家」として、自由な歴史観光をはじめるとしよう。その行き着きつく先に何があるかは、まだ見ぬ個別の鑑賞家の、あなた自身しか知らない。

1997

◎フジテレビが東京都港区台場の新社屋から放送開始
◎**消費税**が5％に増税
◎小室哲哉が10億51万円の納税額で長者番付4位
◎映画『新世紀**エヴァンゲリオン**』公開
◎第二次橋本改造内閣が発足
◎X JAPANが解散表明
◎**金正日**が労働党の総書記に就任
◎山一證券が自主廃業に向けて営業休止を発表
◎**地球温暖化**防止京都会議で京都議定書が採択される
◎アニメ『ポケットモンスター』で光過敏性発作誘発

1998

◎**野島伸司**脚本『聖者の行進』（TBS）放送
過激な暴力シーンが問題に
◎『夜空ノムコウ』が**SMAP**初のミリオンヒット
◎モーニング娘。デビュー
◎長野オリンピック開催
◎**中田英寿**がホームページ「nakata.net」を開設
◎ドラマ『GTO』（フジテレビ）放送
◎和歌山毒物カレー事件
◎小渕内閣が発足
◎横浜ベイスターズが38年ぶりにリーグ優勝
◎**宇多田ヒカル**デビュー

9-2000.11
chapter 1

1999

◎携帯電話とPHSの電話番号が11桁に
◎自由党と自民党の連立により
小渕第一次改造内閣が発足
◎日本銀行が**ゼロ金利**政策を導入
◎シングル『だんご3兄弟』発売
◎『爆笑オンエアバトル』（NHK総合）放送開始
◎ミッチー・サッチー騒動勃発
◎『ガチンコ！』（TBS）放送開始
◎坂本龍一のシングル『ウラBTTB』が
インストゥルメンタルでは初となるオリコン1位に
◎巨大掲示板サイト「**2ちゃんねる**」創設
◎犬型ロボット「AIBO」（ソニー）発売
◎男女共同参画社会基本法が施行される
◎映画『**マトリックス**』日本公開
◎国会で日本初の党首討論が行われる

2000

◎平井堅のシングル『楽園』発売
◎ドラマ『ビューティフルライフ』（TBS）放送
◎ITバブル崩壊
◎**癒し系**オムニバスアルバム『feel』シリーズが発売開始
◎第一次森内閣が発足
◎西鉄バスジャック事件（ネオむぎ茶事件）発生
◎シドニーオリンピック開催
◎**イチロー**が米シアトル・マリナーズに移籍決定
◎ストーカー規制法が施行される
◎『めちゃ×2イケてるッ！』（フジテレビ）の
「七人のしりとり侍」、『おネプ！』（テレビ朝日）の
「ネプ投げ」に暴力表現やわいせつ表現が含まれており
青少年に悪影響があると放送倫理機構（BPO）が指摘
◎高度情報通信ネットワーク社会形成基本法
（**IT基本法**）が成立
◎**BSデジタル**の本放送開始

第2章 そして誰もがテレビになった

◉レンズがあればなんでも映る

2001

◎木村拓哉・松たか子主演のドラマ『HERO』(フジテレビ)放送
◎ジョージ・W・ブッシュがアメリカ合衆国大統領に
◎日本銀行が**量的金融緩和**政策を開始
◎第一次小泉内閣が発足
◎ウィキペディア日本語版が開設
◎第19回参議院選挙で自民党が圧勝(**小泉旋風**)
◎国内で初めて狂牛病(BSE)感染牛が発見される
◎アメリカ**9・11同時多発テロ**
◎日経平均株価が1984年以来初めて1万円を割る
◎雑誌『LEON』(主婦と生活社)創刊
◎映画『ハリー・ポッターと賢者の石』公開
◎第一回『M-1グランプリ』開催

2002

◎EUでユーロ紙幣・硬貨の流通開始
◎ソルトレイクオリンピック開催
◎エイベックスがCDに**コピーコントロール**機能の付加を開始
◎学習内容の削減や週五日制を導入する「**ゆとり教育**」開始
◎『行列のできる法律相談所』(日本テレビ)レギュラー放送開始
◎テレビドラマ『ごくせん』放送開始
◎日韓による**FIFAワールドカップ**開催
◎住民基本台帳ネットワークシステム稼働
◎多摩川などに現れたアゴヒゲアザラシの**タマちゃん**が話題に
◎小泉首相が初訪朝し、北朝鮮側が拉致問題を正式に認める
◎東京スポーツが一面で「カッパ発見」と報じるも『電波少年』(日本テレビ)のヤラセと発覚
◎**ケータイ小説**『Deep Love』(Yoshi)がスターツ出版より書籍化

chapter 2 01〜2007

2003

◎横綱**貴乃花**が引退
◎朝青龍がモンゴル人では初となる横綱に昇進
◎SMAPのシングル『世界に一つだけの花』発売
◎ブッシュ政権下の米国を中心に**イラク侵攻**
◎映画『千と千尋の神隠し』が米アカデミー長編アニメ賞を受賞
◎日経平均株価が史上最安値を記録
◎『トリビアの泉〜素晴らしきムダ知識〜』（フジテレビ）放送開始
◎日本テレビ社員の**視聴率不正操作**問題が発覚
◎マイケル・ジャクソンが性的虐待容疑で逮捕
◎地上デジタル放送が東京などで開始

2004

◎『冬のソナタ』（NHK総合）放送開始で**韓流ブーム**が到来
◎映画『世界の中心で、愛をさけぶ』公開
◎大阪近鉄バファローズとオリックス・ブルーウェーブが球団合併に合意したと発表
◎細木数子出演『ズバリ言うわよ！』（TBS）放送開始
◎政治家の年金未納が次々に発覚
◎アテネオリンピック開催
◎日本プロ野球史上初の**ストライキ**
◎第二次小泉改造内閣が発足
◎プロ野球で50年ぶりの新規参入球団となる東北**楽天**ゴールデンイーグルスが誕生
◎携帯型ゲーム機「**ニンテンドーDS**」発売
◎ソフトバンクの球団買収により福岡ダイエーホークスの改名が決定
◎NHK紅白歌合戦が史上最低の平均視聴率39.3％を記録
◎フジテレビが11年ぶりに日本テレビから視聴率三冠王を奪還

2005

◎青色発光ダイオード訴訟が、地裁判決の支払い命令200億円から一転し8億円を支払うことで和解
◎**ライブドア**がニッポン放送の株式35％を取得して筆頭株主に
◎『カミングダウト』（日本テレビ）であびる優が過去の窃盗を告白し苦情が殺到、番組が打ち切りに
◎**個人情報**保護法が全面施行
◎アニメ『ドラえもん』（テレビ朝日）が声優陣を一新
◎ドラマ『**電車男**』（フジテレビ）放送
◎「iTunes Music Store」が日本でもサービスを開始
◎郵政解散後の総選挙で自民党が記録的圧勝
◎楽天がTBSの筆頭株主になり共同持株会社方式による経営統合を提案
◎国内の**ブログ**利用者が延べ335万人 SNS利用者が延べ111万人であると総務省が発表
◎耐震強度偽装問題が発覚

2006

◎ライブドアが**証券取引法違反**容疑で家宅捜索される
◎トリノオリンピック開催
◎民主党の永田寿康議員が「堀江メール問題」で辞職
◎映画『ALWAYS 三丁目の夕日』が日本アカデミー賞12部門を制覇
◎第1回ワールド・ベースボール・クラシックで王ジャパンが優勝
◎**ワンセグ**放送開始
◎ドイツでFIFAワールドカップ開催
◎**亀田興毅**がベネズエラのファン・ランダエタを下しWBA世界ライトフライ級王者に
◎株式会社**ミクシィ**が東証マザーズに上場
◎安倍内閣が発足
◎**YouTube**が米Time誌の「Invention of the Year」に選ばれる

第3章

これで放送を終わらせていただきます。

◉〝超〟視聴者の登場

chapter::3

2007

◎「ニコニコ動画」がサービスを開始
◎テロ対策のため、ATMでの10万円を超える振り込みが禁止される
◎ドラマ『**ハケンの品格**』（日本テレビ）放送
◎『発掘！**あるある大事典**Ⅱ』（関西テレビ）で捏造発覚
◎柳沢伯夫厚生労働大臣「女性は産む機械」発言
◎日本魚類学会が「バカジャコ」などの差別的な和名をもつ32種の魚を改称すると発表
◎『みのもんたの朝ズバッ！』（TBS）が賞味期限切れ原材料問題の報道について**不二家**側から抗議を受け、捏造があったとして謝罪
◎楽天がTBSの株式を追加取得し、持分法適用会社にする意向を発表
◎必要以上に手品の種を明かしたとして、手品師49名が日本テレビとテレビ朝日に損害賠償を求める
◎陣内智則と藤原紀香の結婚披露宴が全国中継され高視聴率を記録
◎YouTubeが日本語を含め新たに9カ国語に対応する
◎**ミートホープ**の食肉偽装事件が発覚
◎疲労骨折を理由に巡業を休んだはずの**朝青龍**が無断帰国しサッカーをしていたことが問題に
◎福田内閣が発足
◎『クイズ！ヘキサゴンⅡ』出演の里田まい、スザンヌ、木下優樹菜が**バカドル**ユニット「Pabo」を結成
◎時津風部屋力士暴行死事件が発覚
◎内藤大助との試合で亀田大毅が反則行為をし亀田家バッシングが過熱
◎世界初の有機ELテレビ「XEL-1」（ソニー）発売
◎団塊世代が大量退職

2008

◎製紙各社が古紙配合率を偽り、基準に満たない製品を再生紙はがきとして納入していたことが判明
◎日本で初めて**コンピュータウイルス**の作成者3名が逮捕される
◎東方神起のシングル「Purple Line」が、アジアのアーティストでは初となるオリコン1位を記録
◎「35歳になると羊水が腐る」とラジオで発言した**倖田來未**が自宅謹慎に
◎黒人演歌歌手ジェロのデビューシングル『海雪』がオリコン初登場4位を記録
◎**ブラウン管テレビ**『トリニトロン』（ソニー）が生産打ち切りに
◎SPEEDO社の「レーザー・レーサー」を着用した水泳選手が次々に記録を更新
◎**北京オリンピック**開催

◉本書は1997年から2008年まで
「TVブレイクビーツ」のタイトルで
「カシャッ！」「海賊」「特冊新鮮組DX」
（いずれも竹書房発行）の各雑誌に連載した
原稿を大幅加筆・再構成したものである。

◉本書の内容は一部補足を除き
連載原稿執筆時の事実関係にもとづく。

◉番組名には制作局を付記するものとする。

造本＋装幀……………………モリッシィ

プロデュース＋制作……………独特堂

［カバー写真］
J. R. EYERMAN / Time & Life Pictures
ゲッティ イメージズ

第1章

1997.9–2000.11

自然体を標準装備する人々

●カメラに映り込むタレントたちの「素」

菅野美穂の、突然のヌード写真集発表という〝不可解〟からこの第1章を始める。
時代が「自然体」「ナチュラル派」へと怒濤のようになだれ込んでいくさまを
われわれは考古学者のように見出してゆくことになるだろう。

「自然体」をわれわれに最初に〝発見〟させたのは木村拓哉である。
彼が次々にくりだす創造性に富んだ「自然」は、
安定供給時代を経て、粗悪な類似品を生み、過剰になっていった。
初めテレビの中の〝商品〟としてあったそれは、いつしか商品性を失い
自然そのものへとすり替わっていく。
そうして、タレントが彼らの自然性を
計画としてわれわれに謁見させる時代が終わりを告げる。

章の最後に、われわれは「反町隆史の涙」を見る。
それは見知らぬ男の、約束のない涙だった。
猛威をふるう自然主義は、進化の最終型に到達した。
同時に、テレビカメラは、なぜか、いつも、そこに居合わせるようになる。

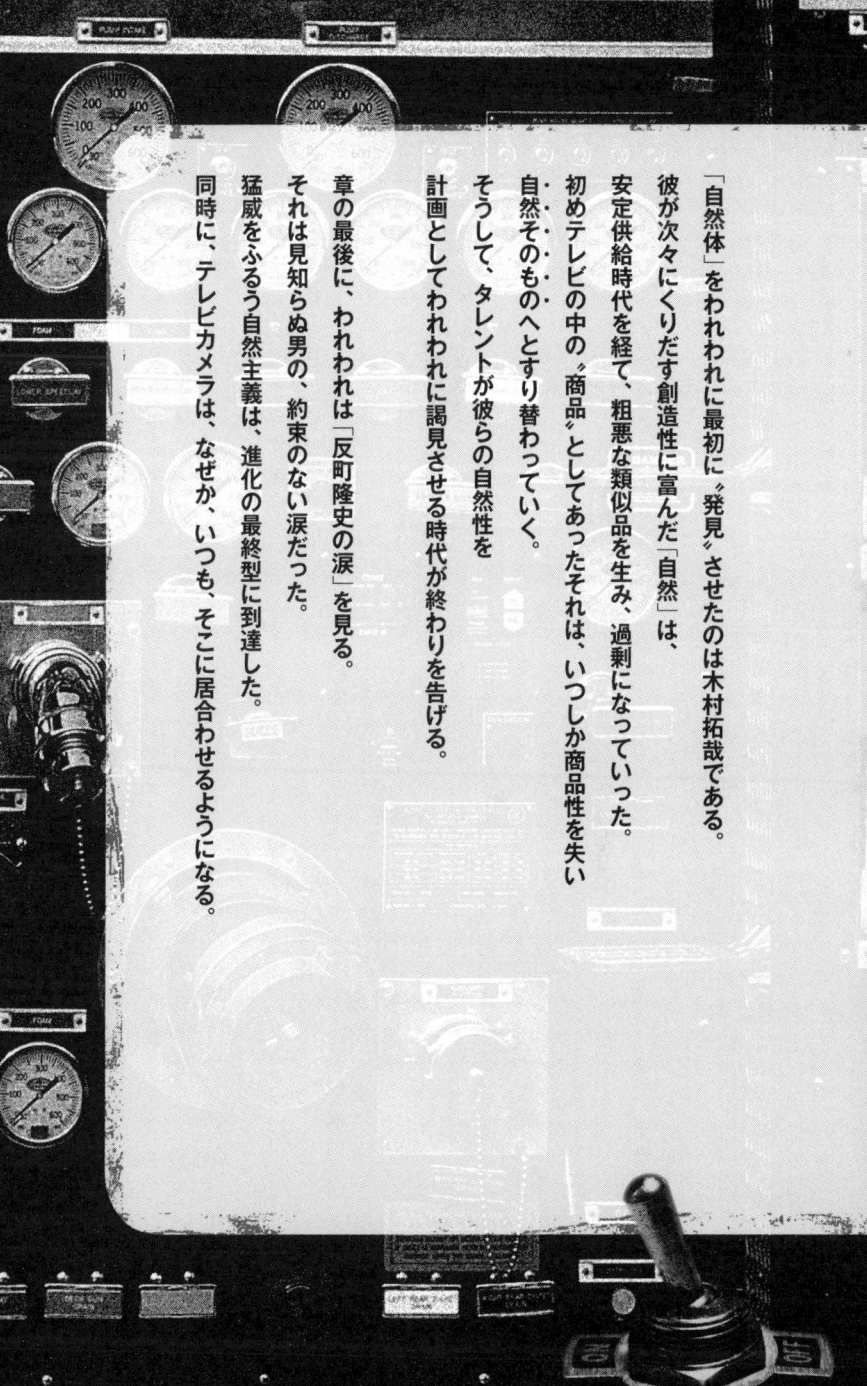

誰が菅野美穂にヘアヌードを撮らせたのか
自然主義時代の犠牲者第一号

菅野美穂「涙の記者会見」
1997年9月

「ふつうの芸能人」という倒錯

マスコミに「宮沢りえ以来の衝撃」と形容された菅野美穂のヌード写真集。脱ぐことがまったく予想されていなかったトップアイドルという点では、たしかに九一年の『Santa fe』とこの『NUDITY』の間に位置づけられる写真集はないだろう。それだけ唐突だった今回のヘアヌードだが、注目したいのは発表記者会見での菅野の妙に落ち込んだ話しぶりや、感極まって流した涙だ。ワイドショーでは「藤田朋子みたいにダマされたのでは?」とか「撮影中はカメラマンと熱愛関係にあったけど、今は切れてしまった」などさまざまな憶測がなされた。本当にイヤ〜な裏事情はなんなのか。なぜ、菅野美穂は脱がなければならなかったのか。

昨今、芸能界はその本分であった「芸」「つくられたカッコよさ」から離れ、自然体であること、ナチュラルさをウリとするようになった。その象徴がキムタクや江角マキコである。しかし、この自然主義ブームにすべてのタレントが対応できるわけではない。記者会見での菅野の発言に耳を傾けてみよう。

「お仕事で世の中に出ている私と、実際の私にすごくギャップを感じて、自分がどんな人間なのかと悩みました。そして、スチールのお仕事が苦手になったり、インタビューが嫌いになったり……。何も身にまとってない状態はそのひとの人となりが写真に表れるなって思ったんです。今回のテーマが自分をみつめるということだったんで、いいところもダメなところも写真に残したいなと思いました」

たんに「十九歳の記録」や、「自分をみつめ直すため」だけなら、プライベート撮影にとどめればよい。『NUDITY』は、世間に発表されることにこそ意味があった。この記者会見さえ、翌日の写真集発売への〝ふんぎり〟にしようという痛々しい意志そのものだった。彼女はできればこんなことはしたくなかったのだ。しかし、芸能界に身を置く以上、いまや「自然」「素」を避けては通れなかったのである。

菅野は、他のタレントと同じやり方では「素」を表現できなかった。そのギャップはどんどん広がり、しまいには自分の「素」そのものがわからなくなった。仮にナルシシスティックな自我をもち合わせていたのなら、カメラに向ける笑顔に迷いはないだろう。本人に「芸／素」という階層そのものが存在しないのだから。河村隆一のように「ありのままの自分を受け入れてもらえるなら、それ以上にステキなことはない」と愛に満ち満ちた人間性をたやすく発揮できてしまうことになる。しかし、菅野はもうちょっとフツウの女のコだった。で、悩んだ。

「私、ほんとに笑うのが苦手で。カメラの前で自分が本当に笑えることってないって思ってた」

「人に接することやマスコミの前に立つことが今でも怖い。そいういう臆病な自分が(写真集に)よく出ている」

「性善説」あるいは「贖罪願望」

『あっけらKANNO』。これはデビューほどない頃、彼女がパーソナリティを務めていたラジオ番組のタイトルである。周囲のスタッフによって、すでにこの時点から菅野は〃あっけらかん〃としたキャラクターを半ば義務づけられていたことになる。同じ年頃の女のコ並みの明るさをもった彼女は、その期待にじゅうぶん応えることができた。あの涙の記者会見の日まで、お茶の間は菅野のことを〃あっけらKANNO〃と信じて疑わなかったのだ。『メレンゲの気持ち』(日本テレビ)では、つねにハイテンションの久本雅美や、おおらかさと下品をはき違えているフシのある高木美保に挟まれて、菅野はちょっととぼけた元気少女を演じていた。いや、演じさせられていた。そのことじたいは、まあたいしたことではない。問題は「演じること=悪いこと」という原罪意識を菅野がもってしまったこと、もたざるをえなかったことである。べつにテキトーにやっておけばいいのに、「本当の私」というプラトニック幻想にうなされ、せっつかれて、菅野は裸になってしまった。それもこれも、昨今の芸能界に猛威をふるっている「素＝性善」主義のせいだ。菅野は、脱ぐことで一足飛びに芸能界とのギャップを埋め、「素」の自分、「性善」な自分を獲得したのである。

天性の自然児・宮沢りえに始まったタレントの「身も心もヌード」志向だが、ついに菅野チャンまでが脱いでしまった。以降、キャラクターづくりに悩むアイドルたちの贖罪《しょくざい》願望はますます強まっていくだろう。流れに突き動かされ、今度は誰が脱ぐのか。メディア露出が激減、キャラクター着地点も不明になりつつある森口博子に三〇〇〇点。

「所さん」はなぜ〝サン付け〟なのか？

タレントと「成熟」のシビアな関係式

1997年10月

所ジョージ・華原朋美

落ち目になるのが怖い

『知ってるつもり』（日本テレビ）でノストラダムスを取りあげたときのことだ。関口宏の「もしも予言どおり一九九九年で世界が滅亡するとしたら？」という問いに、ゲストの東野幸治はこう答えていた。

「将来のこと考えたらね、関口さんみたいに司会業とかも勉強して身につけなあかんな思いますけど、どうせあと二年でしょ。だったらもうこのメチャメチャな芸風のまま突っ走りますよ」

けっこうマジな答えである。あの東野でさえも、「いつまでもお笑いだけじゃ…」とちょっとは将来について考えているのだ。いや、おそらくかなり考え抜いているだろう。

こうした芸能人たちの〝成熟への悩み〟は、例を挙げればキリがない。一番意外なところでは、ＰＵＦＦＹ。『うたばん』（ＴＢＳ）で、振り付けを一生懸命練習したと聞いたＭＣの石橋貴明が「何？　キミたちでもこの世界で生き残ろうとかって考えてんの？」とイヤらしい質問を投げかけた。この答えがなんと、亜美、由美そろって「もちろんですよ〜」。石橋はすかさず「オレ、ショックだよ」とリアクションしていたが、たしかに「頑張るＰＵＦＦＹ」なんて形容矛盾だろう。

落ちぶれるのは、誰でも怖い。チヤホヤされる快感を覚えてしまった芸能人ならなおさらだ。年とともに訪れるこの「成熟」（人気のキープ、タレントとしての進化）という問題に、すべての芸能人が直面しているのである。

島田紳助は以前「成熟問題」に関しかなり率直な告白をしている。漫才ブームのとき、人気の頂点にありながら、その状態は長くは続かないとわかっていた。だから周りをよく観察し、自分が生き残れそうな場所、誰もやってそうにない隙間をピンポイントで攻めていこうと思った、と。紳助は、見事に生き残った。ちなみに九五年頃の〝紳助総研〟の査定では、もろもろのファクターから五年後（二〇〇〇年）の一位は古舘伊知郎だろうとはじき出している。

ズッル〜い愛称処世術

で、所さんだ。世間で「所さん」といえば、まちがいなく所ジョージのことであり、けしてレポーターの所太郎のことではない。この「所さん」という呼び方が特殊なのは、ちょっと考えればすぐに気づく。たとえば「欽ちゃん」は、よくある「名前の頭の部分＋ちゃん」。苗字にサン付け、これがしっかりと愛称のようになっているタレントは「所さん」の他にいないのだ。番組名に「所さんの」の冠が付くぐらい、所ジョージは「所さん」なのである。

フォーク歌手から出発した所ジョージは、いまやお気楽タレント「所さん」となった。彼はいつ「所さん」になったのか。なぜ、「所さん」になったのか。NHKの好感度調査でもつねにトップランクにいる彼は、じつは自分から進んで「所さん」になったのである。最初期、一人称に「所さん」を用いいがちだったのは、たんなる気まぐれか照れ隠しだったのかもしれない。が、そこに光明を見出すや、積極的に「所さん」を標榜し、「所さん」になりすました。まるで出世魚である。芸能界の地図が変動するのにしたがい、自分に求められるだろう新しいイメージ、それにふさわしく名前をすり替えたのだ。その一方で、ミュージシャン・柳ジョージから転用された「ジョージ」の部分、この言葉が示すブルース色、泥臭さは、いっさい強調されることがないまま現在に至っている。

あらためてこの「所さん」という呼び名に向き合ってみると、たしかに上手いネーミングである。柔らかくてちょっと間の抜けた響きは、あの、少年がそのまま大人になったような、クルマや模型が大好きな趣味人で、家庭ではたぶんいいパパだろうなというイメージに一致する。もし彼が「所さん」という愛称を獲得していなかったら、ただの「所」だったら、現在のような親しまれ方をしていなかったにちがいない。

「朋ちゃん」というブランド

グラビアアイドルとしてキャリアをスタート。旬の音楽プロデューサーと蜜月になり、その男のイニシャルをもらって改名。デビュー後は次々にヒットを飛ばす……。「華原朋美」の成り上がりストーリーである。こんなイヤ〜な話がふつう世間に受け入れられるだろうか。いやいや、女子高生の間にキティちゃんブームを巻き起こしてしまうほど、「華原朋美」は全面肯定されたのである。それもカワイイ「朋ちゃん」として。

華原は、所と同じようにみずからを「朋ちゃん」と呼び、呼ばせることによって、「朋ちゃん」という強力なブランドネームを確立したのである。「所さん」の響きのよさと同じく、「朋ちゃん」も響きのマジックをもっていた。苗字の「華原」の座りの悪さも手伝ってか、誰もが彼女を「朋ちゃん」と呼ぶ。いまや「華原朋美」と言うほうが何倍も面倒くさい。

生き馬の目を抜く業界で勝ち残るのは、かなり過酷なことにちがいない。瞬間最大風速は、一度は誰にでも吹く。だが、その一陣の風が去ったあとが問題なのである。「五十歳になって、オレってこのあとどうなるんだろうってふと思いはじめた」とは、誰あろう天下の吉田拓郎の言葉である。最近ちらほらテレビに出はじめたことに対する言い訳めいた心境を語ったものだが、彼あたりも芸能人としての曲がり角を嗅ぎとり、「所さん」になりたいと願ったひとたちのひとりかもしれない。手始めに「タクロー」とでも名乗れば、きっと「少年みたく突っ張ってるけど、根は可愛らしいオジサマ♥」ってな感じで寂しくない老後が送れそうだが、いかがだろう。

キムタク芝居に明日はあるのか？

「演技をしない」ことの先進性

『ラブ ジェネレーション』フジテレビ
１９９７年11月

諸悪の根元はフジテレビにあり

ハリウッドの映画制作の古い鉄則で、「脚本の全内容をワンセンテンスの文章にしておく」というのがある。これは作り手が進むべき方向性をまちがえないためで、たとえば『ジュラシック・パーク』なら「高度に科学制御されていたはずの恐竜が暴れだし、人間がテクノロジーにしっぺ返しを喰らう」お話ということになる。ひとことで言うと身もフタもないが、このひとことで言えることが重要であり、『ウエスト・ワールド』『SF未来世界』などマイケル・クライトン原作の映画はほとんどこのパターンばかりだ。

同じく日本のテレビドラマをワンセンテンスに要約した場合、一番多いのは「素直になれない男と女がケンカを繰り返しつつ最後は結ばれる（結ばれない）」だろう。なんか書いてみてめまいがしそうになったが、フジテレビでいえば『東京ラブストーリー』『同・級・生』『ロングバケーション』などがこのタイプだ。これら「しょぼい男と幼稚な女の惚れた腫れた話」は、ことごとくわれわれを不幸のどん底に突き落としてきた。これっぽちのストーリーの綾もなく、ただただうだつのあがらない主人公たちが思い入れたっぷりに悩みもがく姿だけが十数回にもわたって繰り広げられる。くっつきそうになっては離れ、離れてはくっつき、ひとことに要約すればもなにも、ひとことで済むことを十何時間もかけてやってるだけ。これに比べたら、アクロバチックな野島伸司の脚本はいくらか見る甲斐があるほうだろう。

で、今回の『ラブ　ジェネレーション』ときた。キムタクと松たか子という現在のベストメンバーでのぞまれたこのドラマが、またまたあの最強最悪のパターンにおさまっている。こうした日本の稚拙な恋愛ドラマの諸悪の根元は『東京ラブストーリー』（鈴木保奈美、織田裕二出演九一年）だとみているが、もしかしたら大きなドラマ界というより、たんに「フジテレビのドラマパターン」内だけでの出来事かもしれない。

歌舞伎にみる演技力の歴史

『ラブジェネ』をイヤイヤ観ていて、気づいたことがあった。それは、哲平役のキムタクの演技についてである。キムタクといえば、その絵に描いたような「自然体」がタレントとしての真骨頂。ドラマという虚構世界の中で、彼お得意の自然体はどう表現されているのだろうか。

キムタクの演技の質を吟味するまえに、「ドラマ」「演技」「リアル」について簡単に整理しておこう。「ドラマ」とは、「ドラマチック」という言葉があるように、日常からはすこし離れたお話といっていい。われわれの生きる世界を拡大、抽出、凝縮したものが素朴な意味での「ドラマ」だ。とすれば「演技」とは、「誇張された日常」「抽出された世界」を表現することであり、ドラマ中の「リアル」と現実世界のリアルとは若干異なっていることになる。武田鉄矢の「僕は死にましぇーん」も現実にはありえないが、ドラマではじゅうぶんアリなのだ。

この「現実×α＝ドラマ」の公式は、時代によって係数である「α」が変動する。たとえば、松たか子の父・松本幸四郎がやっている歌舞伎は、「α」の部分すなわちデフォルメがかなり大きい世界だ。しかし時代を遡ると、かつての歌舞伎は現在のそれ以上に誇張されたものだったらしい。歌舞伎のストーリーはそれこそ惚れた腫れたの人情話だったりするが、その劇中人物はふつうの人間がしないようなぎこちない動き、誇張された科白を身上とする。もともとは人形浄瑠璃で見せていたものを人間がそのままやるようになったのが歌舞伎なのだから当然である。これを明治時代に九代目市川團十郎が〝改良〟し、もっと現実の人間の動きや言い回しに近いものにしていった。おもしろいのは、その先進性ゆえに、当時の市川は「大根役者」のレッテルを貼られていたことだ。

このことからわかるのは、観客がドラマに求めている「ドラマ内現実」は時代とともにあり、時代が変化すれば、その「ドラマ内現実」も変わるということだ。大げさな演技こそを「リアル」ととらえている時代では、その「大げさ」を演じない者は、「演技力がない」と映ってしまう。たとえそれが演技者の意図によるものであり、日常のわれわれの動きをより正しく描写していてもだ。

「演技率一二〇%」キムタクのリアル

現代のテレビドラマにおける「演技」と「リアル」について考えてみよう。ドラマは、さきの歌舞伎に比べれば、かなり現実の人間の「素」に近い。こちらも長年の〝改良〟が重ねられており、『スチュワーデス物語』（ＴＢＳ）などの大映ドラマが熱心に観られた十年以上まえに比べれば、現在のドラマはさらに現実に肉薄しているだろう。つまり、昨今のキーワードである「自然体」により近づいてきたわけだ。むろん、ドラマでは「聞き取りやすいセリフ回し」「心情を視聴者に読み取りやすくさせる」などの配慮があり、なおいくらかの現実離れは残っているだろう。で、キムタクの登場である。この自然体男は、ドラマ内にどんな「現実」を持ち込むのか。

『ラブジェネ』を観たところ、キムタクの演技ははっきりと〝先進的〟だった。上手い、下手は置き、まちがいなく時代の一歩先を行っている、これがオレの正直な感想である。

劇中のキムタクは、その表情、語り、仕草すべてが過剰からはかけ離れている。ともすれば聞き取りにくいような、平凡な言葉の吐き方こそが彼の演技の特徴ともいえるほどだ。現実を一〇〇とし、現在〝上手い〟とされるごく自然な演技を一五〇であるとすれば、一二〇くらいの演技しかしていない。おそらくこのキムタクの「演技率一二〇％」は、大根というレベルではなく、時代に敏感なキムタクの内側に自然に出てきた〝回答〟だろう。いわば、キムタクは自然体をそのままドラマの中に持ち込んだのだ。

一九九七年現在のテレビドラマは、なお新旧の役者が混在し、〝改良〟の余地が残されている。田村正和に代表される大げさに描写された人間、演技指数二〇〇の特徴的な芝居は、なお生き延びていくかもしれない。しかし、キムタクが始めようとしている限りなく自然に近い演技は、おそらく今後の主流になっていくにちがいない。

じつをいうと、ながらくテレビドラマにおけるリアリティの〝改良〟が時代の趨勢から遅れていると踏んでいたオレは、ようやくキムタクのような俳優が出てきたかという印象すらもっている。ただし断っておきたいのは、ずっとカッコ付きで〝改良〟と記してきたように、この言い方はいささかの価値判断も含んだものではない。たんに時代がそう進んできたというだけのことだ。相変わらずテレビドラマ全般は観るに堪えないし、この『ラブジェネ』は、ほとんど中身のない、ドラマ指数一二〇（橋田壽賀子ドラマのほどよいドラマ性を一五〇とした場合）を唯一のアイデンティティとした、凡庸な代物なんである。

合羽橋に念力用スプーン専門店はあるのか？

超能力への最後通告

『職業欄はエスパー』フジテレビ
1998年3月

超能力者の悲しい横顔

超能力番組が放送されるたびに、真実かトリックかが話題になる。ブラウン管の向こう側の出来事を視聴者が検証することはできないので、どうしても消化不良のまま終わってしまう。はっきりと超能力を「インチキ」と断じたのは、後にも先にも立花隆が検証したフジの特番（八四年）だけだと記憶する。が、その番組でトリックを告白したはずのエスパー清田こと清田益章も、いまなお「超能力者」として活動し、テレビ出演を繰り返している。今後もテレビは超能力を〝いいように〟使っていくのだろう。

おそらく永遠に決着のつかない超能力問題をどう解釈すべきか。この問いに答えるのにちょうどいい素材があったので詳しくふれてみたい。

『NONFIX　職業欄はエスパー』。『NONFIX』はフジのレギュラー深夜番組で、ジャンルとしては硬派のドキュメンタリーにあたる。この回のテーマはタイトルからもわかるように、超能力そのものより超能力者として生きる人々、その存在についてである。とはいえ、おのずと超能力への番組スタンスが浮き彫りになる。懐疑的に交わされる取材者とエスパーたちとの会話から、あえて分類すれば「否定的」立場といっていいだろう。

番組では三人の超能力者にスポットが当てられる。十一歳のときにスプーン曲げで登場した清田益章。十五歳のときにUFOを呼ぶ少年として話題になった秋山眞人、日本のダウジング（振り子を使った透視）の草分けとなった堤裕司。超能力少年として世間にデビューした彼らが三十代となった今、どう現役エスパーとしての人生をまっとうしているかに迫った、なかなか興味深い内容である。

「このまま続けていくとオレ、オヤジの年になってもスプーン曲げてなくちゃいけないなっていう……」

来年超能力者生活二五年になるという清田は、父親を前に笑いながら語る。多少なりとも成熟への悩みを抱えている様子だが、現在もマインド系のイベントで講演するなどしっかり「エスパー清田」として生き延びている。講演の場面では、往年の派手なスプーン折りのパフォーマンスも披露していた。

恰幅のよさといい、笑顔を絶やさないところといい、会社の重役然とした印象のあるのは秋山眞人。彼は池袋のビルの最上階にオフィスを構え、日本の超能力界のフィクサーとして活躍している。企業コンサルティング契約をなんと三六社と結んでおり、六十人の超能力者のアンケートを集計した株価予測とか、風水を駆使したテーマパークの設計相談てなこともやっているようだ。

堤裕司は、日本ダウザー協会会長を務めている。しかし、ダウジングじたいほとんど認知されておらず、活動はグッズ販売程度にとどまっているという。他の二人に比べれば生活は一番地味。話し方も穏やかで、エスパーというキナ臭いイメージとはほど遠い。日曜日にボランティアで大道芸（手品）を披露するのが楽しみだという。超能力者なのに趣味が手品だというのもなんか懐が深い（?）というか、シャレているというか。ちょっとこの男にだけは好感をもった。

三人のハートをある程度キャッチしているらしい番組制作者は、日々の密着取材の中で、唐突に超能力を披露してくれと要求する。この要求を飲ませたことじたい勝利でもあるわけで、秋山は重ねた一円玉を額にくっつける技（なんか、できてもカッコ悪い）に仕方なく挑む。結果は、何度もチャレンジし、もちろんすべて失敗……。秋山がぶざまなピエロを演じたこのリアルなシーンだけは、ちょっと胸が痛かった。

それぞれの生活は、金銭的に豊かであろうとそうでなかろうと、キツイ。オレにはそう映った。子供の頃についた嘘をいまだにつき通している。これはかなり苦しいことだと察するのである。番組中、清田は「宇宙船に乗ったことがある」と口を滑らせ、懐疑的な取材者と口論になりかけた。秋山は四百回以上も宇宙人に遭遇していて、一番最近遭ったのは去年だとほほ笑む。これが二人とも、三十路半ばの男たちなのである。

番組の最後を、語り手はこう結んでいた。「すべての撮影が終わったいま、たったひとつ確信できることがある。彼ら三人は、けして自分自身には嘘はついていない」。せっかくいいとこまで肉薄してたのだが、オチが少々平凡というか、まとめすぎという気もした。まあ取材対象に対する最低限の敬意とでもいったものなのだろう。しかし、このセリフを別の意味に受け取ることもできる。自分の本当の欲望（チヤホヤされたい、金がほしい、ロマンチックな妄想癖）を押し殺して、ほとんどの人間は社会性を身につけ、まっとうな大人としての振る舞いを、平凡な日常を獲得していく。この三人は自分の欲望に対してどこまでも忠実であるからこそ、嘘がないからこそ、子供のように、いまだエスパーを名乗りつづける……そんなメッセージだ。

超能力の始まり、そして終わり

さて、オレ自身いまだに超能力については見世物として興味があり、イヤらしい存在として今後もテレビを賑わしてほしいと思っている。だが、今回の番組を観て思いを新たにしたのは、残念だが超能力はすでに「終わったジャンル」だということだ。またそのことじたいが、超能力の「虚偽」「恣意性」を如実に証明してもいるのである。

たとえば、人間がＵＦＯに〝遭遇〟したのはいつか。じつは、これには明確な起源がある。一九四六年、すなわち第二次大戦直後なのだ。このときアメリカで頻繁に目撃報告があり、同時に初めて「Flying Saucers（円盤）」という言葉でそれを言い当てた。この事実は何を示すのか。円盤は、未曾有の大戦を終えた世界の人々が、外的存在・敵を意識し、空からの偵察・襲来という強迫観念にかられてようやく生み出されたものだということである。略奪され尽くした地上への夢が終わり、地球外に妄想の目が向けられた結果ともいえるかもしれない。このＵＦＯというイメージが日本にも輸入されたのがすこしあとの一九五〇年代で、以来国内でも目撃者が続出する。じつにわかりやすいカラクリである。江戸時代以前の日本人は、空飛ぶ鉄の船なんてもん、想像する能力すらなかったってわけである。それで古い文献にＵＦＯの目撃報告は皆無なのだ（月から使者がやってくる「竹取物語」も、じつはＵＦＯにまつわる実話だと言い張る者もいるが）。

では、日本で「超能力」が始まったのはいつか。これも超能力というテクストが日本にいつ輸入されたかを確認するだけでよい。一九七四年、ユリ・ゲラーが来日したときである。

外タレ然としたルックスの男が「パワー！」「ゴー！」と叫びながらスプーンをひねり、壊れた時計の針を動かす。誰もが初体験の、興奮すべき出来事が、ブラウン管を通し日本中を熱病のように冒していった。もともとユリはれっきとしたマジシャンであり、彼のパフォーマンスはマリックなんかと同様、なかなか出来のいいものだった（もっとも手際のよい者が「マジシャン」

になり、やや劣る者が「超能力者」になる)。清田がユリの番組をきっかけとして超能力に目覚めたのはつとに有名な話である。同様に、当時少年期であった秋山、堤が「超能力」という流行り病にかかった。やがて彼らは大人になり、現在、清田三五歳、秋山三六歳、堤三五歳……。この見事な数字的符号を、そしていまだに日本の「超能力者」といえば清田であり秋山であり、この二十年以上、新たな「超能力少年」が一人として世に出ていないという事実を、われわれはもう一度正確に受けとめておく必要があるだろう。

お昼休みのウキウキウォッチング伝説
あるいは、山田邦子業界復帰事件

『笑っていいとも！』フジテレビ
1998年9月

いまどきそんなセリフが…


何気なく『笑っていいとも』（フジテレビ）にチャンネルを合わせて驚いた。翌日のテレフォンショッキングのゲストとして、あの山田邦子へ電話がつながっているではないか（！）。

邦子は、NHK好感度調査で八八年から九五年まで八年連続で一位にランクされるも突然失速。いまやピンで番組をもつことができないところまで落ち込んでしまっている。番組の一コーナーにゲスト扱いで出演するのもやむをえないといったところだろうが、問題はこの電話でのトークだった。

タモリの「明日来てくれるかな？」というお決まりのセリフに、電話向こうが「いいとも！」

と返してブッキングが成立するというのがこのテレフォンショッキングの長年の筋書きである。が、ご存じのようにもはやこの儀式もすっかり形骸化していた。以前みたいに「ちょっと待ってください。マネージャーにスケジュール確認して……あ、だいじょうぶです」なんて大げさなイニシエーションは不要になっていたのである。視聴者のなかにいまどきこのコーナーの呼び出し電話が本当に「突然」だなんて思ってる者はいないだろう。しかし、今回は勝手が違った。相手が山田〝浦島太郎〟邦子だったのだ。

「明日の予定は?」のセリフを待つまでもなく、邦子は切り出した。

「でも、これ(テレフォンの出演依頼)って急ですねぇ」

懐かしい。懐かしすぎるツッコミである。オレは、笑いの涙ではなく、悲しみの涙がこみあげてくるのを覚えた。次のセリフを固唾を飲んで見守る。

「明日だいじょうぶ?」とタモリ。

その瞬間、果たせるかな浦島邦子は例のキメゼリフを放ったのである。

「なんとか頑張って行きたいと思います」

嗚呼、邦子。キミは、おそらく『いいとも』を観ちゃいなかった。むろん観るヒマなんかなかったろう。ここ十年ほど、週何本ものレギュラーを抱えていたキミは、『いいとも』のあの儀式がより簡略化されていたことを知らなかった。だって、裏番組『邦子がタッチ』(テレビ朝日)でしっかりメインを張ってたりしたのだから。

恐ろしきはいいともの掟

電話がつながった直後、「どうも〜ともさかりえです〜」というひねりのないボケでオレの心を一瞬和ませた邦子ではあったが、あの時代感覚のズレはいかんともしがたかった。彼女のなかの『いいとも』は、十年前、あの頃のままだったのだ。

しかし考えてみれば、この邦子の〝ハズし〟はトークのカンが鈍ったからでもなんでもない。ただたんに『いいとも』の「掟」をはきちがえていただけのことである。とすれば、この事件はさらにわれわれを驚かす。『いいとも』の「掟」は、事前に打ち合わせ済みであるはずのテレビタレント以上に、われわれお茶の間では熟知していて当然の、空気のような存在となってしまっているということである。タモリの申し訳程度の「明日だいじょうぶ？」にタレントが「だいじょうぶです」と答え、「じゃあ、明日来てくれるかな」「いいとも！」まで、まったく意味のないトークが滔々と流れていくのを、われわれは無批判に、無自覚に受け入れてしまっているのだ。

番組内の各コーナーを強引かつ確実にオチへもっていくあの十年一日のジングル（CM前の短い曲）といい、アルタの客とタモリとの過剰なコール＆レスポンスといい、「掟」だけで成り立っているといってもいい『笑っていいとも』。この番組が、現在もお昼の視聴率ナンバーワン（一五％程度）だという。どうやら『いいとも』は、見えざる「日本の掟」形成装置らしい。

"最後の一球"の正体
巨人軍・江川卓が編み出した驚異の「引退テク」

プロ野球引退発表会見
1998年10月

なぜ引退ストーリーが必要なのか?

この九八年も何人かの有名選手たちが球界を去った。オリックス・佐藤義則、広島・大野、巨人・吉村、そして日ハム・落合。ケガに泣いた吉村を除き、みんな四十代のオッサンたちである。寄る年波には勝てなかったということだろうが、少年時代から野球一筋だった彼らにとって、人生の幕にも等しい「現役引退」「引き際」の判断は難しいところだろう。

「引退」といえば思い出すのが元阪神の江本孟紀である。「ベンチがアホやから野球がでけへん」の捨てゼリフを残し、三四歳で早々にマウンドを去ってしまった。辞め方のパターンとして、こうした「勢いで」「意地で」というのも稀にある。野村克也の場合、当時の西武・根本監督に自分の打席で代打（鈴木葉留彦）を送られたことが引退を決意する引き金だったらしい。

江本や野村のようなひねくれ者はべつとして、大方の選手はいつ、明確に引退を決意するのだろうか。「昨日まではプロでやっていける力があったが、今朝起きたらなくなっていた。だから引退しよう」なんてことはありえない。みんななーんとなく〈辞めたい／辞めたくない〉の割合を査定しながら、疲れがたまりやすくなったな、出番が少なくなってきたな、クビって言われるまえにヤメちゃおうかな、てな判断を重ね、ようやく踏ん切りをつけるのだろう。しかし、この「引退決意の瞬間」に、新たな価値観をもち込み、確立してしまった男がいた。元巨人の江川卓である。

一九八七年、傍目にはまだまだやれそうな江川が引退を決めた理由は、フィジカルな問題、肩の故障であった。晩年は針治療に頼り、だましだましやっていた（らしい）が、さらなる現役続行には禁断のツボへの伸るか反るかの一刺し（この発言は針治療の安全性をめぐって当時物議を醸した）が必要であったというのが江川の言い分であった。しかし、「手抜きピッチング」「百球肩」で知られ、現役時代から「野球だけが人生じゃない」と財テクに夢中だった男だけに、「肩痛→あっさり引退」という図式は、マスコミやファンに少なからず「やれるのにヤメたのでは」と疑問を抱かせた。

ここまでは事実の確認で、本筋はこれからである。じつは、江川の「引退決意ストーリー」はこれだけではなかったのだ。さっきの〈辞めたい／辞めたくない〉の査定でいえば、「肩の不調というファクターは否応なく〈辞めたい〉へと自分をいざなった」というのが江川の主張〈ファンへの説得〉である。しかし、これだけではどうも最終的な「踏ん切り」の部分が欠けている。なぜなら野球人にとって引退とは、恐ろしく勇気のいる決断だからだ。そこで江川が考案したのが「あの一球」というストーリーだった。

ある試合でのことだった。速球派でならした投手・江川卓は、自己の信ずるウイニングショット、すなわちストレートを渾身の力で放りこんだ。球は唸り声をあげ、狙いどおりキャッチャーミットのほうへ吸い込まれていく。そう、彼はこれまでもそうして三振の山を築いてきたのだ。「決まった」そう思った瞬間だった。白球は無情にもピンポン玉のようにスタンドへと運ばれていた。マウンドで崩れ落ちる江川。呆然と眺めやる右翼席はあふれる涙の中にかすんでいた……。

ウソ泣き説も浮上

江川がマウンドで流したことで有名なのは、鼻血だけはない。この広島・小早川にホームランされたときの涙もそうである。勝負に敗れ、衆人環視の中で男泣きに泣いたというこのエピソードは、当時を知っている者なら誰でも記憶にあるだろう。なぜなら、このときの一球が引退を踏ん切らせたのだと、のちに江川みずからがはっきりと語ったからである。

「今までなら完全に打ち取れていたはずの球が、通用しなくなった」。ちょっと聞けばもっともな話である。しかし、これだけではただの〈辞めたい〉一ファクターにすぎない。だって「今までなら完全に打ち取れていたはずの投球が」「今までなら完全にスタンドへもっていけてたはずの打球が」なんてことは、下り坂の選手なら誰もが経験することだからである。そうした積み重ねが〈辞めたい／辞めたくない〉の天秤を〈辞めたい〉側へと傾かせ、投手なら登板回数を減らされたり、打者なら代打へと回らされているうちに（あるいはそうなるまえに）どこかで最後の「踏ん切り」をつけるわけである。つまり、「今までなら――」は〈辞めたい〉の底流でこそあれ、決定的要因ではありえないのだ。

しかし、江川にあっては、「今までなら――」が〈辞めたい〉の決定的要因であった。なぜか。それは、江川がマウンドで泣き崩れ、のちにそれを「あの一球」というロマンチックなストーリーで高らかに世間へと謳ったからである。つまり、ただの「よくある一球」を江川自身が「あの一球」というエポックメイキングな事件にまで昇華させてしまったのだ。この大投手には、「小説・あの一球」を語らなければならないわけがあった。それは「まだやれるんじゃないの」という世論への理論武装だった。

江川が引退に際し「あの一球」というストーリーを語ったとき、オレは「そうきたか」と静かにほくそえんでいた。そんな劇的な「一球」など「物語」にすぎないし、「昨日まではプロでやっていける力があったが、今朝起きたらなくなっていた。だから引退しよう」と言ってるのと同じだからである。それどころか、下手すりゃこのストーリーを語るために、まえもってマウンドで嘘泣きしたフシさえあるなと（あらイヤらしい）。しかし、世の中イヤ〜な見方のできる人間ばかりではない。このとき江川の蒔いた種は、静かに実を結ぼうとしていたのである。本当ならありえないはずの「あの一球」が、今年もバッチリ投じられていたのだ。

大野サンがついに「悪魔の一球」を……

一九九八年八月四日、東京ドームで行われた巨人・広島戦でのことである。マウンドは四三歳の大野豊。対するはルーキー高橋由伸。ベテラン大野が自信をもって投じた「あの一球」は、これからの球界を担うだろう新人選手の一振りで、あっさりフェンスの向こうへと運ばれてしまった……。

大野によれば、この出来事こそが彼の二二年のプロ野球生活に幕を引かせるにじゅうぶんな事件であったという。たぶん、この言葉に嘘はないだろう。大野自身は、本当にそう感じたにちがいない。客観的にみれば誇大妄想やロマンチックな読みにすぎない「あの一球」も、「江川以降」の一九九八年では立派な現象として成り立ってしまっているのである。

大野は、おそらく「江川の引退」というプレテクストを一〇〇パーセント忠実に受けとめている。これは大野が江川と同世代であるということとも関係しているだろう。おもしろいのは、ホームランを打ったのが巨人の高橋だったということである。ベテランが新人に打たれ、引退を決意する。できすぎた話である。しかもただの新人ではない。巨人の高橋である。もし大野が「中日の井端に打たれたホームランがきっかけで……」なんて語ったらどうなるか。「大野やめるなーまだヤレるぞー（で、井端って誰？）」コールで広島市民球場の引退セレモニーは大変なことになってたはずである（※二〇〇八年現在、野球ファンなら井端弘和を知らない者はない。が、執筆時はまだプロ一年目で全国区の選手ではなかった。許せ井端）。むろん、厳粛な〝介錯人〟が通り雨のような助っ人外国人選手であってもいけない。ヤクルト・ホージーのごとき「おふざけ外人」ならなおマズい。ここは次代を担う紳士・由伸であるからこそドラマチックなのであり、物語として説得力があるのである（江川の誤算は、広島不動の四番になるはずの小早川が思いっきり伸び悩み、二流選手になってしまったことである）。

八・四事件をきっかけに「もう力は尽きた」ときっぱり判断した大野だが、現役最後の登板でなんと球速一四六キロを記録してしまった。選手の側にある〈辞めたい／辞めたくない〉とは別に、ファン心理として〈辞めてほしい／辞めてほしくない〉の振り子があるとすれば、大野の引退はまだ〈辞めてほしくない〉の最中の出来事かもしれない。しかし、選手個人個人が「引き際」の哲学をもっている。ボロボロになるまでやるか、晩節を汚すことなく去るかは自由だ。そして後者を選ぶ場合、江川の編み出した「あの一球伝説」は、自身の「踏ん切り」にもファンに対しての「説得」にもおおいに役に立つのである。けして大げさでも感動屋でもない、淡々としたキャラクターのあの大野が、今回「八・四事件」を語ってしまったことで、おそらく「あの一球伝説」はかなり真実味を帯びてきた。今後、大野の発言をさらなる先行テクストとし、数々の選手が引退決意の瞬間をドラマチックに語ってゆくことだろう。ま、そんな発言が似合うのは、あくまでも「惜しまれながら辞めていく大選手」に限られるけどね。

『松ごっつ』から高村光太郎までの〝道程〟

先鋭的なお笑いが文学を茶化す正統性

『松ごっつ』フジテレビ 1998年10月

突然出た謝罪テロップ

ダウンタウンの松本人志が、木村祐一、板尾創路とともにつくる深夜番組『松ごっつ』（フジテレビ）。作務衣姿と相まって笑いを求道する実験的イメージの強い同番組で、事件は起こった。無味乾燥な文字が突然ブラウン管を埋め尽くし、女性アナウンサーのお堅い口調で以下の文面が読み上げられたのである。

九月八日の当番組の中で、高村光太郎作の詩「道程」を無断で使用し、遺族及び関係者の方々に多大なご迷惑をおかけしました。陳謝いたします。

番組の企画のひとつに、「全国お笑い共通一次」というのがあった。タイトルのとおり、お笑いの試験問題を一般に配布、受験者がおもしろいと思う答えを書いて送り、松本とスタッフが採点して成績上位者を発表するというものだ。第三回共通一次は、三万人もの受験生がお台場に問題を取りにきたという。事件の原因となった九月八日は、この「共通一次」の答え合わせの回だった。

「お笑い共通一次」の第五問は、高村光太郎の詩「道程」を全文掲載し、「作者がこの文章で本当に言いたかったことを書きなさい」というものだった。実際の学校の試験でもありそうな設問だが、この『松ごっつ』では当然まともな答えは求められない。松本いわく「緊張と緩和」「どれだけ裏切れるか」で評価し、おもしろい答案を発表していった。ちなみに松本の模範解答は「ホロッホー」「いいGパンがない」。視聴者の答えは「のりおちゃんポーン」「高村光太郎ってよくない？」「約束やぶりましたね　ドーン！」などだった。

第三回共通一次の全一〇問の中では、この「道程」の問題は正直あまりいい設問とも思えなかったし、そのせいかおもしろい回答もほとんどなかった。みんなただ裏切っているだけで、課題の詩が「道程」である必然性がゼロだったからである。仮にランボーの詩にすり替わっていても笑いの質がまったく変わらないような答えには価値はないだろう。あくまでも詩と対峙するか、関連づけたうえで、そこからの飛躍力を勝負する必要があるはずだ。

ともあれ、このオンエアを知った高村サイドから抗議が来たってことらしい。で翌週、神妙な感じで謝罪テロップを流したというわけだ。

人生に必要な知恵はどこで学ぶか？

高村光太郎の著作物である「道程」を同番組が許可なく転載・放送したことが今回問題となった。高村の場合、亡くなってからまだ五〇年を過ぎておらず、著作権は有効である。とすればたしかに無断借用は御法度だ。『松ごっつ』のスタッフはなぜこんな基本中の基本を見過ごし、謝罪するハメになってしまったのだろうか。単純に古い著作物であるため、すでに著作権が失効したと勘違いしていたか、おそらく「著作物はみんなのもの」という考えを疑わなかったからだろう。

著作物は社会の共有財産であり、勝手に使っていい場合がある。文学作品の場合、批評や作品研究にともなう引用、演説などでの利用はＯＫだし、教科書への掲載や、試験問題への転載なども出典を明確にするだけでいい。

ここで一瞬考えてしまうのが、試験問題への転載は可という事実である。だったら『松ごっつ』の使用もいいんじゃないのか。というのは、「道程」という文学作品の正しい意味なんていうくだらないものを読み取らせるような試験が世の中にゴマンとある。仮にそうした試験が著作物の無断転載を許可されているのなら、文学作品の正しい意味をけして読み取らせないような試験にも著作物の転載を許可すればいいと思うのである。

テレビという対面上、「あれはただのお笑い番組でした、度がすぎました」と謝罪しておいたほうがてっとり早いかもしれない。しかし仮にこの「道程」ネタが、かつて松本が武道館で行った入場料一万円ライブ「寸止め海峡（仮）」（九四年）の出し物だったらどうか。抗議に対し、正面きって「お笑いが文学を茶化して何が悪い」と言い切ることもできたかもしれない。たとえばダダイズムにおいては「価値を無に帰すこと」も立派な批評行為である。そしてこの『松ごっつ』は、確信犯的な先鋭さをもっているという点で、じゅうぶん文学をネタにする資格があると思えるのだが。

番組が事前に使用許可を求めていたらどうだったか。結果はまったくわからない。が、一般の文壇的価値観からいえばたぶん許可は下りなかっただろう。だって高村光太郎の言いたかったことが「のりおちゃんポーン！」だから。そんなふざけたことには使わせない、と一笑に付されていたかもしれない。文化をねじるために生まれたはずの文学も、その内部ではがっちり村社会になっていて、けっして部外者の「ねじり」を許さない。謝罪テロップに「多大なご迷惑」という部分があることを考えると、やっぱり無断借用だけでなく、ねじられ方にもかなりご不満はあったとお見受けするが……。

オレが高村光太郎の遺族だったら、喜んで番組で使ってくれって言ってただろう。ダチョウ倶楽部にいじられることでスポットが当たるようになった森本レオみたく、この『松ごっつ』に取りあげられたことで、一生フツーのひとの目にふれることもなかった一篇の古い詩が、少なくともテレビを通して多くのひとの心に響いたわけだから（響かなかったなら、響かなかったという点で意味がある）。しかしこの「道程」、――文壇的理解では――日本の因習文化に受け入れられなかった外国帰りの男（高村）の多難な未来について謳ったものというから、なんか皮肉な気もする。

バナナは転ぶための果物か?
お笑い鎖国主義のススメ

『ミスター・ビーン』英国ITV制作 1999年3月

読者からの電話質問に答える

当連載の編集部宛てに、二十代らしい読者からこんな電話があったという。

「今月初めてモリッシィのコラムを読んだ。今までに何を取り上げてきたのか教えてほしい」

担当編集者が、「木村拓哉、菅野美穂、松本人志……」と思い出すままに答えると、その質問子はこう継いだという。

「『ミスター・ビーン』は取り上げてないのか?」

ビーンのファンなのだろうか。それともイヤらしい批評を期待してのことだろうか。いずれにしろ、このコラムでビーンを取り上げたことはないし、今後も取り上げるつもりはなかった。結果的に今回論じてしまうことになるが、今までなぜビーンを相手にしなかったかを明らかにすることで、電話主の期待に応えようと思う。

オレは『ミスター・ビーン』に関しての知識はほとんどない。テレビでちょっと観て、「あ、これね」と思った程度である。だから、ビーンがどんなキャラクターなのか、どうしてテディベアを抱えてるのか、まったく知らない。しかし、それこそが『ミスター・ビーン』に対するオレの選択的態度であり、今この稿で行いつつあるビーン論に対し「よく知らないヤツがビーンを批評するな」というのはお門違いである。べつに知る必要もないという、クイックで迷いのない判断なのだ。『戦争論』の小林よしのりに対して、「あんたアジアを現地取材したのか」と問い詰める短絡的ジャーナリストがいるが、小林が恥じる必要はない。彼らは「現地取材」というものを勝手にすばらしいもんと思い込んでいるだけなのだから。

ビーンを初めて観たとき、「あ、これね」という感想で終わったのはなぜか。ひとことで言えば、「笑えないから」である。

オレは、ビーンで笑うことができない。身もフタもない答えに聞こえるかもしれないが、それはビーンことローワン・アトキンソンが英国人だからである。英国人のくり出す、ブリティッシュ・ジョークには笑えないのだ。まあ百歩譲って笑えたとしよう。しかし、その笑いははたしてナイスな笑いなのか、時間を割き、ありがたく笑わせていただくほど価値のあるものなのか。

ビーンが日本で爆発的なブームになりはじめた頃、テレビでこんなふうに紹介されたことがあった。

「ジョークや笑いにはお国柄があるが、英国と日本は相通じるものがある。どちらも笑いの先進国であり、ビーンの笑いは日本人の私たちにも親しみやすいものだ」(『ニューステーション』テレビ朝日)

こうした見解が正しいかどうかは知らない。が、『ミスター・ビーン』という英国のキャラクターが極東の日本でウケている以上、「英国と日本との間で相通じる笑い」というものはたしかに存在するといえるだろう。そこで疑問なのだが、「英国と日本との間で相通じる笑い」とはいったいどんな笑いなのか。

ウディ・アレンと巨大バナナ

落ちていたバナナを踏んで、滑って転ぶ。いまどきこのネタで笑えるかどうかは別として、これが「笑い」の文法であり、万国共通のものであることは理解できるだろう。笑いの先進国の場合は、この基本文法をさらに改良することになる。

ウディ・アレンの映画『スリーパー』(米・一九七三年)には、未来の進んだバイオテクノロジーにより、身の丈ほどのバナナが栽培されるシーンが出てくる。ウディは収穫直前のこのバナナを盗もうとしてみつかり、逃げようとするが、そこでお約束のように巨大バナナの皮に足をかけ、すっ転んでしまう。

　これは「バナナで転ぶ」ネタを改良したものである。ウディはこのバナナで続けざまに何度も転ぶ。デカいだけに、やはり滑り方もすさまじいということか。そう考えると従来のネタをそのまま大型化しただけで、たいして笑えない。しかし、「足元にバナナがあるとは気づかずに、うっかり滑って転ぶ」ところを、「自分よりでかいバナナなのに、それでもしっかり滑って転ぶ」――そんなナンセンスなシーンだと考えれば、「そこまでしてバナナで転びたいか」というメタ・コメディがみえてくる（ちなみに、これから盗んで帰るというのに、わざわざ事前に皮をむいている）。いずれにしてもバナナで転ぶバリエーションのひとつであり、進化してはいるが古典文法の延長といえるだろう。

　では、『ミスター・ビーン』の笑いはどうか。キャラクター同士の言葉のやり取りが基本となる大半のシットコムとは違い、彼は「表情」や「動き」といったフィジカルな要素を得意としている。分類すれば「バナナ滑り」系であり、そうした万国共通の笑いの文法に乗っ取っている以上、笑いの質はどこまで高められても想像の範囲内だ。つまりこう言い換えてもいい。しょせんは「万国共通の笑いでしかない」と。

　英国人のつくる笑いを、文化の異なる日本人が笑えてしまう。この時点で笑いの質として底が知れているのである。ある者は『ミスター・ビーン』の笑いを「言葉の壁を超えた万国共通の笑い」とし、なんだかすばらしく高級なもんだと喧伝する。アンポンタンの目を覚ますため、もう一度強調しておこう。

「万国共通点だからこそおもしろくないのだ」

自分だけの文脈《コンテクスト》を掘れ

勘違いしてほしくないのは、これはあくまでもビーンの笑いの日本式享受についての話だということだ。本国のイギリスでは、おそらく万国共通でない部分、英国人にしかわからない笑いのコンテクストのようなものが介在しており、日本人が観た場合以上におかしく、いい感じで楽しめるものなのかもしれない。それは、ときに微妙なニュアンスの世界であり、われわれ異国の人間には永遠に分かち合えない部分である。たとえば何気ないシーンでも、英国人たちは「あるある」と頷き笑いしているかもしれないし、英国内でのローワン・アトキンソン氏のルックスが、コメディアンとしてどのような記号的配置にあるのかをわれわれが正確に看取することはできない。

言い換えれば、すなわちわれわれ日本人が、笑いに関してわざわざイギリス＝海外になど目を向ける必要はないということになる。英国人が日本人以上に英国流の笑いを楽しむことができるように（あたりまえだ）、日本人は日本人コメディアンのつくった笑いを、外国人以上に、一〇〇パーセントの縮尺で堪能することができる。そのとき用いられる笑いの文法は、万国共通という貧弱なものである必要はない。もっと過剰で、濃厚なものであっていい。

エスペラント語で関西弁風の漫才をやっておもしろいものになるかどうか想像してみてほしい。ネタの骨格は同じでも、ボケ、ツッコミの微妙な言葉の選び取り方、発音のリズム、スピード、すべての面で「万国共通語」という足枷は「笑い」を遠ざけるだろう。関西弁を用いたやりとりであるからこそ、われわれ日本人は瞬発的に笑うことが可能なのだ。

「万国共通」「交換可能」はすばらしいことであるという観念を疑い直すことで、笑いは血の通った、ディープな場所を確保することができる。笑いとは文化のコンテクストを予想外のあり方で換骨奪胎することであり、使用されるコンテクストは、複雑であればあるほど、多く参照されればされるほど、笑いのダイナミズムも大きくなる。コンテクストを共有することのできない異文化間では、使用文脈は「バナナ」のようにシンプルなものに限られ、その反発力は小さなものになるだろう。

日本人と日本語の本分とは

世界に進出する。世界に名を馳せる。日本では、これがまるで無上に正しいことのように信じられている。Jポップ界ではすでに成功をおさめているドリカムも、まさにドリームズ・カム・トゥルー、夢をつかもうと米国に渡り、必死で売り込み中だ。しかし、日本人がなんでわざわざアメリカン・ドリームをつかむ必要があるのか。哀れとさえ思えるが、極東の小さな島国に生まれついてしまったことがわれわれの「世界志向」の根源かもしれない。もしアメリカ人として生を受けていたなら、「万国共通」なんてものを意識し、ありがたがる必要もなかったのに。

しかしどんなにあがいても、われわれは日本人なんである。ドリカムが言葉の壁や人種の壁（当人はそんなもん無いと思ってるだろうが）にブチ当たっているように、「世界共通」という達成目標は絵に描いたモチにすぎない。夢という言い方を借りるなら、むしろ悪夢に分類されるべきものだろう。

こと笑いに関しては、この議論がもっとも当てはまる。笑いを「世界化」することはまず不可能である。いや、不可能という表現は「世界化」という概念を強化してしまう。こう言い換えよう。「笑いは、世界化する価値のないものである」。

日本という国に生まれたことは、お笑い好きな者にとってむしろ胸を張っていいかもしれない。「先進国」という言い方は注意を要するが、「潜深国」ならあながちまちがってなさそうだ。「笑い」を異文化間の取り替えが不要なものと考えれば、より下へ下へと「深い」ところを目指す国こそ潜深国といえる。笑いを横へ輸出しているようでは甘い。外国人が笑えないような、ディープなコンテクストを発掘し、より閉塞的になること。マイナー言語を文化基盤とし、またその言語を扱うテクニックそれじたい（落語、漫才）を笑いの中心としてきたわれわれ日本人の本分は、むしろそこにある。

あなたの悩み、解決しません

説教番組ブームの宗教的メカニズム

1999年4月
『愛する二人別れる二人』フジテレビ
石田純一離婚記者会見

離婚届の「発見」

ネジの外れたテレビメディアのなかでも、いまもっともおかしいことになっているのが『愛する二人別れる二人』（フジテレビ）だろう。みのもんた、美川憲一が司会を務めるこのバラエティ番組は、不倫、家庭内暴力、借金などさまざまな事情を抱える一般カップルが登場する。迎え撃つのは中尾彬、梅沢富美男、デヴィ夫人、戸川昌子といった芸能界の強面たち。カップルの抱える悩みをスタジオで喧々囂々やった挙げ句、最後に別れる、別れないの明確な決断へと導く。ひとことでいえば「家庭裁判ショー」だ。

三角関係のライバル同士の初対面や、義父と娘婿との胸ぐらのつかみ合いといった「修羅場」

は番組の見どころのひとつ。一昔前の『ケンカの花道』（同じくフジテレビ）と似たアトラクションである。しかし決定的に異なるのは、スタジオに離婚届まで持参させ、その場でサイン、捺印までさせてしまうという過激な演出だ。

『ケンカの花道』のセットは四角いリングだった。不仲の夫婦がファイターであり、レフェリーの加賀まり子らは外野から二人の試合を見物するだけ。赤と青の各コーナーに分かれた夫婦は徹底的に相手を罵り合う。しかし、これはルールに従ったスポーツであり、リングを下りればまたふだんの生活に逆戻りすることになる。

一方、『愛する二人別れる二人』はスポーツではない。裁判なのである。セットはまったく平凡なものであり、夫婦が席を並べて相談員と向き合うかたちをとっている。そこは日常生活の延長上であり、なにより離婚届は現実への楔《くさび》として機能する。むろん冷めた視聴者は、ブラウン管の中に施された味つけのひとつと受けとめるかもしれない。一時間のオンエア中に見届けられるのは届出用紙に捺印するところまでであり、役所へ提出するかどうかは定かではないからである。

それでも離婚届という演出は、日本のテレビ史上、異質といえるだろう。わが国の古い美徳からすれば、テレビで家庭の恥部を徹底的にさらけ出し、ときには本気で殴り合い、離婚届にまで判を押すというのは明らかにオーバーキャパである。しかも、これが深夜枠でなくゴールデンのプログラムなのだ。

おそらく番組制作者は、アメリカの人気番組『ジェリー・スプリンガー・ショー』を真似てこの『愛する二人別れる二人』を企画したのだろう。かのテレビ先進国では、こうした過激なケンカ番組がショーとしてすでに楽しまれている。もっとも先鋭的な番組となると、殺人犯と被害者の遺族を対面させるものまである。

娯楽の過激化は歴史的にみて自然なことであり、進化の過程にはかならずランドマークとなるような創造がある。この『愛する二人別れる二人』はそのひとつに数えてもいいのかもしれない。そこで離婚届に判を押させる逆神父の役目を果たしているのが「みのもんた」であるという点についても、われわれはもっと注目しておくべきだろう。

すべては宗教番組である

いまや「説教番組ブーム」である。『快傑熟女！　心配ご無用』（ＴＢＳ）など、一般人がタレントに人生相談をもちかけるスタイルがテレビで流行っているきっかけは、おそらく昼の『午後は○○おもいッきりテレビ』（日本テレビ）の一コーナー「ちょっと聞いてョ！　おもいッきり生電話」だろう。同時にそれは「みのもんたブーム」へとつながっている。

前述の『愛する二人別れる二人』の場合、タレント相談員からよってたかって説教をくらった夫婦が、それじゃあということで離婚を決断するというのが番組上もっともダイナミックな展開のひとつである。オレもこの番組のリピーターであり、ごくまっとうに楽しんでいる。しかし厳密にいえば、オレがこの『愛する二人別れる二人』を観るのは、番組のもっている流れ、ダイナミズムを味わうためであり、けして相談内容、説教、解決の仕方に興味があるからではない。つまり欲するところは、カップル間に勃発する痴話喧嘩であり、スタジオのタレント相談員との口汚い罵り合いであり、その結末としての離婚である。

しかし奇妙なことに、番組がおもしろければおもしろいほど、心地悪さも増大する。なぜか。それは番組の核である「説教」というシステムと関係している。

そもそも「人生相談」とは何か？ 「説教」とは何か？ 単純にいえば、自己の悩みを他者に打ち明け、解決策のひとつも提示してもらうのが「人生相談」であり、そこで与えられるアドバイスがまるで真理であるかのように振る舞うのが「説教」だろう。

「説教」は「説経」や「説法」とほぼ同義であり、英語にすればpreachingである。仏教やキリスト教でいう「説教」は教義を伝える口頭手段である。われわれが日常出くわす「説教」も、この延長上にあるといっていい。

『愛する二人別れる二人』や『快傑熟女！心配ご無用』が盛りあがるのは、中尾彬や和田アキ子らタレント相談員がブチ切れ、「てめーらみてえな夫婦は別れちまえ！」などと説教を始めたときである。キレればキレるほど、説教が声高になればなるほど、オレという一視聴者も番組に引き込まれるわけだが、同時に居心地の悪さも覚えはじめる。相談テーマに対して中尾や和田が提出する解決策に合点がいかないからではない。たんに「説教」というスタンス、その構造に馴染めないからだ。説教番組のパネラーは「説教」するのがタレントとしての仕事であるから、彼らへの不満はない。これらの説教番組をマジに「事件」として受けとめ、「そりゃ中尾の言うことが正しい」などと一喜一憂しているテレビウォッチャーがいるだろうことがはがゆいのだ。

そもそも「説教」に正しい説教も間違った説教もない。説教は説教でしかない。それが機能する瞬間はただひとつ、宗教的、祭式的レベルだけである。なぜなら説教とは「真理」を授けることだからだ。個人の抱える「問題」なんてもんは容易には共有できない。ましてや他者による解決策の提示はほぼ不可能である。ありえないはずの問題の共有が可能となり（相談）、あっというまに解決策が供給できてしまう（説教）とはいったいどういう事態なのか。

『愛する二人別れる二人』も『快傑熟女！心配ご無用』も、要は宗教番組ということである。そこに理解不可能な「他者」は存在しない。あるのは説教したい側と説教されたい側の予定調和だけである。わざわざ教会に懺悔に行って、神父を論駁《ろんばく》するような者はいまい。つまり、「悩みの解決」「説教」という側面からこれらの番組を解体した場合、何も残らない、口喧嘩のレトリックや離婚届に判を押すに至るまでのドラマツルギー以外、何も残らないことになる。

石田純一「離婚報道」を解読する

さて、以上をふまえつつ、話は思いっきり飛ぶ。石田純一の話題である。

先月末、石田は松原千明との離婚の意思を正式に発表した。この記者会見がまさに芸能記者による「説教」の嵐であり、非常にウォッチし甲斐のあるものだった。

石田の離婚の原因はオレにはよくわからない。当然である。そんなもの石田本人にしかわからないし、石田の考える離婚原因と、カミさん・松原千明が考えるそれですら一〇〇パーセント重なり合うことはない。ましてや芸能レポーターになんかわかるはずがないのである。

とりあえず表向きには長谷川理恵との浮気が離婚の主な要因であり、「妻の松原千明には一パーセントの過失もない」(石田)ということになっている。とすれば、芸能レポーターのやることはただひとつ、「不倫撃つべし」という建て前を笠に着た徹底糾弾、すなわち「説教」である。「長谷川理恵とはその後も続いているのか」「今でも〝不倫は文化だ〟と言い張るのか?」「そうした開き直りが松原を傷つけていったのではないのか?」……。

このやりとりのなかで、石田はさまざまな独自の恋愛観、家族観、人生観を開陳してみせた。これがかなり注目に値する内容だったのである。以下いくつか載録してみたい。

「家族は愛するんですけど、家庭を愛しているかっていうと、その場所じたいは、自分の場所ではないような……」

「長く生きていると、個の孤立感っていうんですかね、存在の孤立感っていうのは深まっていくもんだと、僕は自分で感じていました」

「自分の出会った人みんなが幸せになってくれなければ、自分の価値はない、生まれてきた意味もないといえます。それは別れることになる家族も、彼女たちがもし不幸な気分や不幸であると、どっかでみなさんが聞いたりしてきたら、それはもう自分の人生の敗北ですね」

オレ自身、石田純一をウォッチングの対象たりえると思ったことはなかったが、正直この会見のセリフには何度もうなずかされた。しかし、これら石田哲学への芸能レポーターやワイドショー・コメンテーターの反応は、まったく鈍感なものだった。代表的なものを挙げてみよう。

「綺麗事を並べすぎ。自分のまちがいを正当化しようとして難しい言葉を並べて墓穴を掘っていくっていう感じ」「セリフを言っているようだ。自分の言葉ではない」(『ワイド！スクランブル』テレビ朝日)

生きた言葉が抹殺されるとはまさにこうした事態のことである。あの石田の言葉を「自分の言葉ではない」と言い切ってしまう愚鈍さ。まさにその「自分の言葉ではない」というありがちなセリフじたいが自分の言葉ではないことに気づくべきだろう。「説教」という宗教的スタンスを保持するかぎり、「他者」の言葉が耳に届くはずもない。哀れなことである。

石田は何も難しいことは言ってはいない。自分の言葉で、自分の考えを述べているまでである。言い訳でもなければ綺麗事でもない。他人の考えが手に取るようにわかるというのはおこがましいが、オレには石田哲学のすべてがじつに生々しく、すがすがしく受けとめられたのである。

ここに挙げた石田の言葉のひとつひとつをゆっくり吟味してほしい。ただそのうちのひとつだけ、オレの解釈を述べさせてもらおう。

孤立感は共有可能か?

「長く生きていると、個の孤立感っていうんですかね、存在の孤立感っていうのは深まっていくもんだと、僕は自分で感じていました」

奇妙にもみえるが、まぎれもなく離婚会見の一説である。この言葉の意味はたしかにわかりにくいかもしれない。ワイドショーに登場した街頭の主婦などは「自分の蒔いた種なのに、孤立感っていう言葉の意味がわかっているのか」と吐き捨てていた。しかし、虚心に石田のセリフに向き合ってみれば、この主婦の「説教」がいかにお門違いなものかがわかる。

孤立感という言葉を登場させるとき、石田は「長く生きていると」という枕を用いている。つまり、これは「孤立感」という表記で間違いはないが、瞬間的なもの、時節的なものではなく、むしろ積年によってかたちづくられる「孤立観」なのである。石田は、結婚生活、あるいはたんに人生のなかで、しだいしだいに「孤立感」をおぼえ、やがてそれは「孤立観」として意識されるようになった。四四歳になる男の孤立観について、環境も年齢も異なる他人がその中身を正確に看取することはできない。ましてやそれが浮気や離婚へと結びついていくメカニズムなど知るすべもない。しかし、石田がこの離婚会見のなかで「孤立感」という言葉を引っぱりだしてきたことの意味は、一見場違いな形容とも思えるからこそ大きい。まぎれもなく、石田の心中で「孤立感」は熟成し、今回の離婚と結びついているのである。そして、石田にとって「他者」であるオレにも、石田の言う「長く生きている」ことによって生起する「孤立感」というものが、あるたしかな重さをもって共鳴する。つまりピンとくる、「生きた言葉」として受けとめることが可能なのである。

誤植にみるテレビの低能度

じつは、石田の言った「個の孤立感」という部分は『ワイド！スクランブル』のテロップでは「己の孤立感」と表記されていた。単純な誤植なのかもしれない。が、ここで「個」が「己」とされたことにも、マスコミの無意識的な悪意、あるいは程度の低さがみてとれるのである。

「個」といった場合は、石田の個は「自我」となる。つまり、意識的、哲学的であるということだ。しかし「己」といった場合は、石田の考えは「自己」すなわち無意識までも含んだ感覚的なものとなる。「個」の経験は共有が難しいが、「己」の経験は誰もが自然に感ずるところであり、「同じ人間」という錯覚のもとに簡単に共有できてしまうことになる。さっきの主婦のセリフ「孤立感って言葉の意味がわかっているのか」は、「孤立感」は共有できるということを前提にしたものである。つまり、「石田サンよ、もうちょっと孤立感というものをまともな人間感覚のうちに把握し直しなさいよ」そう説教しているわけだ。

しかし、すでにみたように「個」の孤立感なら共有は困難である。また困難であるからこそその意味も大きい。石田は、自分の言葉で、個として抱いた孤立感を吐露した。それ以上のことでも、それ以下のことでもない。

「説教」という、人類共有の宗教的スタンスを保持しつづける芸能マスコミから、石田純一のこの会見に対しての肯定的な評価はついに聞かれることがなかった。しかし少なくともオレは、テレビという皮相なメディアから、久々にテレビ的でない、生々しい言葉を受けとることができたと思っている。ちょっと感動したぞ、石田純一。

離婚という人生のひとつの結末、生きざまが正しかったかどうか、すべては自分が「死ぬときにわかる」。石田バッシングに躍起になっていた芸能レポーターたちだが、このセリフで最後にスルスルッと逃げられてしまった。「死ぬときにわかる」——一瞬、ありがちなセリフにも聞こえるかもしれない。しかしあの集中砲火のなかで返したひとこととしては秀逸である。思ったより懐が深いぞ、石田純一。もっともこの言葉の本当の含蓄は、近視的なテレビ屋の人々にはおそらく「死んでもわからない」だろう。

久米宏はなぜ『Nステ』を休んだか？

公人のイメージチェンジ・テクニック

2000年2月
『ニュースステーション』テレビ朝日

宣嗣のリリーフ効果

テレビ朝日の平均視聴率がついにテレビ東京に追い抜かれ、民放最下位（五位）になったそうだ。といっても、九九年一一月二九日から一二月五日の一週間の話である。久米宏が『ニュースステーション』（以下『Nステ』）をいったん降りたのが一〇月六日だから、その因果関係は明白だろう。

九四年、東尾修が西武ライオンズの監督に就任したとき、オレはカッコイイ、男らしいと思った。常勝・森祇晶の後を継ぐのは誰だってイヤである。ましてや「前年度優勝」（五連覇中）という置き土産は新任監督にとって重荷でしかない。ミスター赤ヘル・山本浩二も、阿南広島が優勝した翌年だけは「ぜったい監督にはならない。二位あたりになった次の年がいい」と正直に告白していた。

なんの話か。渡辺宣嗣である。久米が「番組は続きますが、私の出演は本日まで」と宣言した日から、宣嗣は『Nステ』のキャスターとしてリリーフのマウンドに上がった。そんな宣嗣をオレはカッコイイ、とは思わなかったが、同情とも諦めともつかぬ複雑な心境で眺めていた。何より哀れだったのは、このリリーフが初めからショートと予定されていたことである。

降板騒ぎ冷めやらぬ一〇月一九日の定例記者会見で、テレ朝社長は巷の噂をキッパリ否定し、来年早々の久米復帰を明言した。久米とテレ朝との間にどんな軋轢があったのかはわからない。が、構図としては「降板宣言の久米」VS「復帰説得のテレ朝」であり、その隙間を埋めさせられたのが渡辺宣嗣だったのである。

もともと久米フォロワーにすぎない宣嗣（しゃべりもジェスチャーも完璧にコピー物）。局の看板番組のメインキャスターを務められるのはもっけの幸いかもしれない。しかし、慌てて久米降板説を否定したように、局側は全面的に外様の久米頼り。財産であるはずの局アナを「埋め草」扱いするテレ朝に、宣嗣が何も感じなかったはずはないだろう。

宣嗣はがんばった。たぶん。それなりに。しかし、やっぱり久米には勝てなかった。キャスター・渡辺宣嗣に視聴率では計れないサムシングがあったかといえば、正直「無かった」としかいえない。でも、それでよかったのだろう。待望の王監督誕生までの埋め草として用意された藤田元司監督はうっかり優勝、それが読売ジャイアンツの悲劇を招いた。宣嗣は久米の引き立て役として、また局の方針がいかに理に適っていたかを証明するため、民放リーグ最下位という結果を見事残したのである。

マスコミが語らなかった真相

最大の疑問は、なぜ久米が一時降板したかである。ラスト一〇月六日の放送内容からは、降板は一時的なものでなく無期的なものだと思われた。スポーツ紙もこぞって「久米降板」を報道し、ちょっとした騒ぎとなったのは衆目の知るところである。その直後、テレ朝側が「降板否定宣言」を出したわけだが、この宣言は久米の意思とはまったく無関係であり、水面下で必死の復帰説得工作が続いていたとも噂される。

久米が一時的にせよ降板の意志を固めたのはなぜか。「所沢ダイオキシン騒動」（九九年二月、所沢産の葉物野菜から高濃度のダイオキシンが検出されたとの報道が風評被害に発展）以降、局と久米との間にミゾが生じ、嫌気がさしたとの説が濃厚である。しかし、それはまったくの見当違いだと申しあげておこう。久米の降板には隠されたイヤ〜な理由があったのだ。それは、ずばりあのルックスに関係がある（！）。

二〇〇〇年一月四日、チャンネルを10に合わせたオレは目を疑った。なんと、『Nステ』のスタジオのど真ん中に、大竹まことが座っているではないか。やはりテレ朝は復帰工作に失敗したのか。しかし、よりによって大竹まこととは……。島田紳助（『サンデープロジェクト』テレビ朝日）がアリなんだから大竹もアリかなどと考えた段階で、ようやく気がついた。ブラウン管のヒゲ男、そいつは大竹まことでなく久米宏だったのである。

ヒゲデビュー。ミレニアムお披露目式。久米宏のヒゲは美しく生えそろっていた。

人間、なかなか自分のイメージを変えるというのは難しい。顔が商品の一部となっているタレントや有名人の場合はなおさらである。イチローもいまやブラピばりの「おしゃれ不精ヒゲ」が定着した感があるが、生やし初めの頃は何度もヒゲについて問い詰められていた。その都度マスコミのマイクに向かって「シーズンに入ったら剃りますから！」とキレ気味に弁明していたのを思い出す。イチローはけっきょく剃らず今に至っている。おそらく最初から生やすつもりだったのだろう。

変身の過程というのは誰でも気恥ずかしいし、他人も好奇の目で見る。イメチェンの理由をいちいち答えるのも面倒くさい。ヒゲの場合はことに厄介だ。生やし初めのチョロチョロがもっともカッコ悪い。一日でパッと生えそろってくれればいいのだが、そうもいかない。ダンディな「ヒゲ男《お》」になるにはちょっとした辛抱が必要となる。

おわかりだろう。久米はヒゲのために『Nステ』を一時降板したのである（オイオイ）。個人差はあるが、久米程度のヒゲなら早ければ三週間、遅くても二カ月くらいで生えそろう。久米が

『Nステ』を休んだのが一クール＝三カ月だから、まさにヒゲには短すぎず長すぎず、最適だったわけだ。

以前、糸井重里がこんなことを言っていた。自分のオヤジの前で初めてタバコを吸うのには多少の勇気がいる。「タバコデビュー」のため、若き日の糸井はある演出をした。しばらく家を留守にし、フラッと帰ってきたふりをする。その口に、何気なくタバコをくわえて……。

『Nステ』を留守にしていた久米は、フラッと帰ってきた。何気なくヒゲを蓄えて。でも、ヒゲに何気ないもクソもないだろう。無かったヒゲをあることにする、それには相当の「思想」が必要のはずだ。思想の中身は詮索する気もないが、この三カ月が育児休暇ならぬ「育ヒゲ休暇」だったことは動かせない事実だろう。

ヒゲのために『Nステ』をサボった久米宏。うーん、なかなかどうしてオシャレな男ではないか（微笑）。

謎の「加藤VS志村公開査定事件」志村のほうがおもしろい、と子供たちは言った（涙）

『8時だョ！ 全員集合』TBS
2000年3月

荒井注のメタ的位相

荒井注が亡くなって一カ月が過ぎた。ドリフ脱退後、芸能界から足を洗っていたに等しいこの男の記憶は、悲しいかなこのまま風化していくのかもしれない。かくいうオレも、訃報に接することによってしか荒井注の存在を思い出すこともなかった。各ワイドショーがいっせいに当時の『8時だョ！ 全員集合』の映像を流すのを観て、久々に子供時代のおぼろげな記憶が蘇ってきたしだいである。

いまさら餞《はなむけ》というわけではないが、コメディアンとしての荒井注の存在意義をあらためて確認する部分があった。『全員集合』における荒井注は、かなり特異な位置を占めていたと思う。それは、コント全体に対して超越的《メタ》な位相に立っていたということだ。

メタ的な位相とは、たとえばコントの文脈を脱臼させるような「ナンセンス」とかいったものではない。『全員集合』はそれじたいナンセンスの塊であり、メタ＝コメディなのだから（空からタライ、建物《セット》の崩壊）。荒井は、「ドリフターズ」そのものを外側からみつめるような存在であったという意味で、超越的だったのである。

荒井のコント演技をひとことで評するなら、「ふてくされ」である。一世を風靡したギャグに「なんだバカヤロー」「文句あるか」があったが、まさにそれだ。この単純なギャグが決まるのは、あのどちらかといえばシリアスなルックスのおかげである。いま映像を見返して気づくのは、このマジ顔での「なんだバカヤロー」が、視聴者サービスとして大げさにつくられたものではなく、まったくシンプルに発言されているということだ。そう、本当にふてくされているのである。

荒井注は、『全員集合』黄金期の昭和四九年にあっさりとドリフを脱退した。公式の理由は「ドリフの激しい動きについていけなくなったから」（荒井はリーダーのいかりやよりも年上だった）。これは事実だろうが、同様にドリフでコントをやることに意義を見出せないでいたのだと思う。

荒井の「ふてくされ」はドリフのメンバーに対して向けられたものでもあった。メンバーもそれを了承し、利用し合っていたのだろう。コント中、他の四人が何事か熱心にやっている傍らで、荒井だけがサボり、いかりやにメガホンで殴られていたお約束の場面が瞼に浮かぶ。

「なんだバカヤロー」に並び、荒井注には「ジス・イズ・ア・ペン」という有名なギャグがあった。当時小さかったオレは、「ジッシィー・ザッペン」と勝手に文節化して記憶したものである。そんなチビっ子に荒井のふてくされ人生などわかろうはずもない。ただ、あのマジ顔だけは幼心にも怖かった。ドリフが低俗番組としてＰＴＡに圧倒的に敵視されたのは後期（昭和五五年頃）だが、それ以上に荒井のいた頃のドリフのほうがヤバかったと思う。コントで、教室に酒瓶を振り回しながら入ってくる小学生ルックの荒井注は、笑いだけでなく「ヤクザっぽさ」「いかがわしさ」というワクワクをわれわれ子供にもたらしてくれた。荒井が抜け、やがて志村時代を迎えたドリフは、ダーティさを薄め、より能天気なアイデンティティを確立していくことになる。

ドリフはいつ「終わった」か？

ところで、ドリフの看板といえば誰だろう。いまなお続いている特番『ドリフ大爆笑』（フジテレビ）を除外し、『全員集合』に限って検討してみれば、この答えは明白である。古い世代にとっては「加藤茶」であり、新しい世代にとっては「志村けん」である。

この「断層」については誰もが意識していると思う。「現役の長嶋茂雄を知っているか？」という問いがよくあるように、「現役の加藤茶を知っているか？」という問いが成り立つのだ。じつは、このふたつはまったく同じ意味をもっていて、それは昭和四九年以前の記憶があるかどうかにかかってくる。オレは、長嶋茂雄の現役最後の打席が内野ゴロだったことをはっきり憶えている。同様に、ドリフにおいて加藤から志村への移行期に起こったとある事件のことを、いまなお忘れることができない。

当時すべての子供が好きだった番組『全員集合』。ドリフのメインを誰が務めるかは、巨人の四番に誰が座るかと同じくらい大きな問題だった。新興勢力の志村が加藤の人気を凌ぎ、トップの座につこうとしているのは誰の目にも明らかだった。もっとも、ただ笑えさえすればいい子供には、相手が志村であろうと加藤であろうとどうでもいいことである。この「主役交代劇」を切実な事件として記憶しているのは、せいぜいオレくらいかもしれない。

いつ頃だったかはわからない。たぶん昭和五一年前後、期首の特番か何かだったと思う。例によって公開放送であり、大きなホールに客は満杯。場面はコントではなく、舞台にメンバーがヨコ一列のフリートーク風。歓声うずまくなか、突然加藤がスネはじめた。

「な〜んかみんなオレのこと無視すんだもんなあ。イジケちゃうよなー」

一字一句は覚えていないが、まあそんな内容のことを得意の涙目で訴える。するといかりやがなだめた。

「ンなことないって。ドリフはおまえでもってるんだから。人気だって一番あるんだからさ。なっ、客席に訊いてみるか?」

いかりやが会場に向かって叫ぶ。

「加藤が好きなヤツー?」

ワーッと割れんばかりの歓声。

「じゃ、志村が好きなヤツー？」

瞬間オレは、当然志村への拍手・歓声が加藤のそれを下回ると思った。オレにとってドリフは加藤であり、志村の出現は歓迎こそするものの、あくまでも加藤の弟分と考えていたのだ。

しかし、子供は残酷だった。志村への歓声は加藤とはまったく比較にならないほど大きかったのである……。

今考えれば、志村のほうが純粋におもしろいわけで、ヘンに構えのない子供の歓声の量が事実を物語っていたのである。しかし、オレにとってこのシーンは〝事件〟以外の何物でもなかった。加藤の時代は終わった――敗北感が襲い、その後の番組進行は上の空だった。

一連のトークは、ただただ衝撃的な「主役交代劇」としての記憶でしかなかった。しかし大人となった今、この台本（当然、台本どおりである）をわざわざ視聴者に向けて制作した意図が気になってくる。当時のオレは、加藤の拍手が志村のそれを上回り、気を取り直した加藤が続くコーナーで大活躍するとばかり思っていた。台本作家も同様に、この時期まだまだ加藤の拍手のほうが多いとの計算だったのだろうか。つまり当てが外れた、と。しかし、プロがそんな下手を打つとも考えられない。むしろ志村の人気が上と悟っていただろう。とすればほとんど公開処刑であり、わざわざ自分からスネてみせた加藤のメリットは何もない。単純に、加藤の「スネて一番人気を獲得する」という目論見がハズれてズッコケるというオチだったのだろうか？　それにしても加藤へのダメージが大きすぎるし、子供が笑える筋書きとも思えない。「もはやセカンド」との立場を理解させるべく、いかりやとドリフの台本作家が用意した加藤への引導だったのか。あるいは、会場の拍手という不確定要素に任せたドリフ内の人気市場調査だったのだろうか。

謎としかいいようのない「加藤／志村公開査定」。ドリフに分水嶺があるとすればこの事件をおいて他にない。そしてこの日こそ、オレにとってドリフが一度終わった日なのである。

ビューティフルという逃避
バリアフリー問題を描けない現代の脚本家

『ビューティフルライフ』TBS
2000年4月

シビアな連ドラの構成力

キムタク主演のドラマ『ビューティフルライフ』が平均視聴率三二・三%、十一週連続第一位を記録し、幕を閉じた。過去十年のドラマ史を遡っても、これほどの視聴率を稼いだ作品はないという。業界には「キムタク神話」、脚本家の「北川悦吏子神話」（ヒット作『ロングバケーション』も担当）なるものができつつあるらしい。

このコラムのために、オレも『ビューティフル』をほぼ全回観させてもらった。連続ドラマといえば一クールでざっと十時間分の構成力、演出力を必要とする。小説でもそうだが、短篇はちょっとしたセンス、へたすると運で書けてしまう。しかし長篇には明確な方法論、引き出しの数、背景となる思想が要求される。連続ドラマは全回を通したとき、制作者の能力がはっきりと露呈する。

試みに、『ビューティフル』の全内容をワンセンテンスに要約してみたらどうか。ストーリーテリングの世界で鉄則といえるこのワンセンテンスへの要約を、『ビューティフル』は受けつけない。なぜか。脚本がとっ散らかっていて、本当の意味での長篇作品として成立していないからである。

「身体に障害をもった女性へ永遠の愛を誓った男が、直後にその女性の死を看取る話」

誰が聞いても瞬時の理解を拒むワンセンテンスである。上半身と下半身がバラバラで、自然なスイングができていない。これでは打球は前に飛ばないのである。

ドラマの前半は、カリスマ美容師である柊二（木村拓哉）が車椅子の図書館司書・杏子（常盤貴子）と出会い、恋に落ちる。なかでこんなキメゼリフが登場する。

「オレがあんたのバリアフリーになってやるよ」

なんともこそばゆいひとことだが、ドラマ全体を眺めたとき、これは前半の白眉ととらえるべきだろう。

野島伸司ドラマに出てくる身障者の多くは、「中心／周縁」式にいえば「周縁」の色彩が濃い。あくまでも中心へのアンチテーゼであり、道化師のように周縁的機能を強く負わされた存在である。が、ここで常盤が演ずるのは健常者と恋愛するフツーの二十代の女性。まさに同時代的テーマであり、野島のドラマを「大きな物語」とすれば「小さな物語」ともいえる。だからこそ難しいし、取り組む価値もある。

常盤とデートするために車椅子用トイレのあるカフェをみつけたりと、バリアフリーになるべくキムタクはがんばる。健常者側からみれば、下の世話とか、夜の生活とか、身障者とのつきあいは頭の痛いことばかりだ。また、身障者は健常者に対しての精神的な負い目が対等な恋愛関係の障壁になる。この小さくて大きな軋轢を、『ビューティフル』は正面からとらえようとしていた。そう、前半までは。

番組終了後、柊二は何をしているか

後半は完全にトレンディドラマへと変貌する（トレンディなのはキムタクがカリスマ美容師でなくなった後半のほうである）。ただ常盤を死なせることだけがドラマの推進力となってしまうのだ。死を間近に控えた人間に健常者も身障者もない。そこにはただ「死別」のセンチメンタリズムがあるだけである。前半のメインテーマである「バリアフリー」が一瞬にして消し飛んだ。なぜこれほどの変節があったのか。答えは簡単である。手軽に脚本が書けるからだ。常盤が死んだほうがドラマとしてスケールがでかい、視聴率がとれると安い計算をしたわけである（『ビューティフルライフ』というタイトルから、死のテーマは当初からの予定だったと思われるが、とす

ると今度はバリアフリーのほうが安い小道具になる）。

「身体に障害をもった女性へ永遠の愛を誓った男が、その女性の死を看取る話」

さきほどのワンセンテンスから、「直後に」を抜いてみた。男は彼女と五十年を共に過ごし、死まで看取った。おたがいの苦労が偲ばれる、感動の物語である。『ビューティフル』のように「直後に」を加えると、まるで遺産目当てに結婚した男の話みたいだ。常盤は貧乏酒屋の娘なので財産はない。が、キムタクは「バリアフリーな心の持ち主」という得難い名声をほんのわずかな期間のしんどい恋愛と引き替えに獲得してしまったのである。恋人の死（＝ビューティフル）がまるでストーリーの高みとして扱われているが、現実には一生を添い遂げること（＝ビューティフルにはいかない辛い日々）のほうがより奥深いテーマだということを確認しておきたい。

山田太一や倉本聰なら、常盤を死なせることはまずなかっただろう（『ふぞろいの林檎たち』での中井貴一の兄嫁・根岸季衣のセコくもたくましい生き延び方を思い出せ）。さっき「手軽に」書けるから「死」というストーリーを選んだと言ったが、たぶんどんなにがんばっても「バリアフリー」をテーマに十時間たっぷりと描く能力は今の脚本家、ドラマ界にはない。

たとえば第四回あたりから、身障者とのセックスの問題をどう描くかがオレの注目点のひとつだった。若い男女が性衝動を抑えたまま一生を過ごすはずはない。テレビ的にも難しい問題をどう処理するのか。これも、「死」によってあっさり解決がつく。それまでキス以上に踏み込むことのなかったふたりが、どうせ死ぬんだからというノリで思い切ってエッチしてしまうのだ。

夢のような（ウソくさい）一夜が最終回目前の第十回にあって、同回の瞬間最高視聴率もやはりこのベッドシーンだったという。常盤が死ぬと決まった時点で完全にシラケていたオレは、もうふたりのエッチなんかどうでもよかった。なんの想像力も湧かなかった。

当然、最終回はひどいシロモンだった。九〇分とワイド化する意味が見あたらず、まるで常盤が死ぬところをスローモーションで見せられているみたいだった。唯一、常盤の死後に（オレだけの）見せ場があったのでつけ加えておこう。

キムタクは華やかな東京での一線を退き、海辺の田舎町で小さな美容院のオヤジをやっている。そこへ小学生の女の子が雑誌の切り抜きを握りしめて訪れた。美容院は初めてであり、親にも内緒だという。キムタクは彼女の要望にうなずき、カットを始めた。さて、できあがりが問題である。これがただのオカッパなのだ。全然可愛くないし、彼女の要求どおりとも思えない。しかしなぜか女の子は「これで男の子にモテる」と喜んで帰っていった。

キムタクは、わざとダサくカットしたのである。元カリスマ美容師であり、写真どおりに切る技術はもっている。でも切らなかった。「しょせんは田舎町の小学生、色気づくには早いんじゃボケ！」というキムタクのヤケクソナイスなメッセージである。常盤との生前の約束を守るかたちで、田舎に骨を埋めるつもりでやってきた。が、そんな才能のスポイルは「心のバリアフリー」とはそもそも無縁である。キムタクは早晩東京に引き返し、また華やかな都会での生活を送ることになる（希望）。

着けたブラは外せないというお話

朝日系「比較文化番組」に隠された差別意識あり

『秘境とニッポン!! 交換生活』テレビ朝日
2000年6月

受話器の中に悪霊がいる!

『秘境とニッポン!! 交換生活』。わかりやすいタイトルである。企画書の段階で勝利が確信できそうだ。実際の内容もそのまんま、文化的なギャップを楽しむドキュメンターテインメント(勝手に造語)である。原始的な生活を営む秘境の家族と、日本の一般的な家族がたがいに一週間のホームステイを経験。唯一のルールは「現地の生活習慣を実践する」。どうしても克服できない場面では「ヘルプカード」の使用が三回まで許される。

「秘境」と「ニッポン」とのギャップは大きければ大きいほどいい。選ばれるのは裸に腰簑といった出で立ちのホンマもんの秘境の人々である。初めに日本の一般人家族が現地を訪れる。父親や息子は狩猟を経験したり、呪術に参加したりする。母親や娘は植物から主食であるでんぷんの沈殿物をこしらえるのを手伝う。現地の「ご馳走」である虫が食べらず、ヘルプカードが出る。動物の鳴き声に悩まされ、睡眠もままならない。「文明社会」から「原始社会」へのタイムトリップは不便なことばかりだが、生きている実感を取り戻す貴重な瞬間でもある。

親交を深めた秘境と日本の家族。今度はあちらの一家が日本を訪れる番である。森の外に出たことのない一家にとっては、まず飛行機に乗ることが大きな障害であったりする。「あんな恐ろしいものに乗るくらいなら日本へなんか行きたくない」。むろん日本に来てからは見るもの聞くものすべてが驚きである。電車を見ては「家が動いている！」。電話の声におののいては「中に悪霊がいる！」。蛍光灯の明かりを見てのセリフは秀逸だ。「部屋の中に月が……」。ヘボライターでは思いもよらないようなスゴいネームの連発だ。

秘境の家族にもヘルプカードを出させようと、ジェットコースターの前へ連れていったり、わざと刺身を供したりする。このへんは番組スタッフによる演出だろう。納豆や梅干しも、相手を脅かすための定番小道具である。

一週間が過ぎると、最後は悲しい別れの瞬間である。おそらく二度と会うこともないふたつの家族。全員の目に涙があふれる。おみやげとしてわたしした文明の利器（カヌーにつける小型エンジン、スコップなど）は現地で大活躍することだろう。

演出とお約束だらけの近頃のテレビのなかでは、けっこう生々しいシーンにふれることのできる希有な番組のひとつである。日頃フツーだと思っていることをあらためて考え直させてくれる啓蒙的側面もある。わけだが……。

文明は交換可能か？

誰もがこの『秘境とニッポン!! 交換生活』を文字どおりふたつの文明の交換番組だと思うだろう。が、はたして交換は正しく成立しているか？　まったくの双方向たりえているか？　答えはＮＯである。

一見同じ条件下で、ふたつの家族は異文化の生活を経験している。が、厳密には違う。どこか。たとえば衣食住の「衣」の部分である。

食、住に関しては、平等に交換が行われている。日本の家族も現地の高床式住居のような小屋に住み、パサついていて日本人の舌にはおいしいとも思えないでんぷんの塊を食す。秘境の家族も同じである。出された日本食が口に合わず、芋ばかりを好んで食べる者もいた。

ところが衣に関しては、交換の均衡関係が崩れているのである。秘境の人々が日本に来たときは、日本人と同じ格好をさせられる。ふだんは裸足のところを靴を履き（これはかなりの苦痛だ）、服を着せられる。しかし、この反対は成立しない。現地の日本人家族がすっ裸になってテレビに映ることはけしてないのである。

日本の男性陣が腰簑をつけることはある。しかし、女性陣が腰簑一丁に乳丸出しという完璧なコスプレは無理である。見過ごしがちな点だが、ここに均衡は見事に崩れている。

同様に、重大な不均衡がある。この番組はシリーズ化されているが、かならず日本の家族がまず秘境に出向き、ついで秘境の人々が日本に来る。なぜか。逆ではダメなのか？

秘境の人々が日本人を信用することがまず最初に必要だから、という答えも成り立ちそうだが、違う。そもそもカメラ取材を受け入れているわけで、いわゆる「蛮族」ではない。文明がないといっても、文明の存在はわかっている人たちなのである。ホームステイの順序が「秘境→日本」となっているのには別の理由があるのだ。

日本人がテレビで乳を出せないのも、ホームステイの順序が秘境、日本となっているのも、理屈は同じである。それは、文明の順位である。

『秘境とニッポン!! 交換生活』は、平等の視点で文明の交換を行っている。が、じつは密かに文明に順位がつけられているのである。秘境が先（古い、遅れた）で、日本が後（新しい、進んだ）である。もし本当にふたつの文明にヒエラルキーがないとするなら、日本人もオッパイを出すべきだし、ホームステイの順序が逆であっても一向に不都合はない。が、これがひっくり返ることはけしてないのである。制作のテレビ朝日に偏見がある、と言いたいのではない。むしろ偏見のかけらもなく『秘境とニッポン!! 交換生活』というタイトルの番組が制作されてしまっている点を指摘しておきたいのだ。

この番組がけして「交換」という平衡関係うえには存在しないもっとも大きな根拠を最後に示そう。

「この番組をブラウン管を通して観、その意図を楽しむことができるのは、文明国・ニッポンの人たちだけである」

やげ代として小遣いをわたされた秘境の人々。予算内でホームセンターの農耕具を物色し、どっちのスコップのほうが安い、使い勝手がいい、と大マジの議論。泣けるシーンである。ところで、日本人一家の好意でプレゼントされた船のエンジンだけど、秘境へ持ち帰ったあと燃料オイルはどうするんだろうか。てな質問はヤボである。たぶんそんなに秘境でもないのだろう。ちょっと行けばスタンドくらいあるかもしれない。だってニューギニアのお父さん、「やっぱりＹＡＭＡＨＡのエンジンはいい」と、メチャメチャ文明チックなこと言ってたもんなあ……。

教祖とテレビは高い所に登れ！

登山番組にみるリアリティの突出

『反町隆史が泣いた！アフリカ最高峰・キリマンジャロに挑む』フジテレビ
2000年8月

反町特番がやってきた

七月二五日というなんでもない日。夜七時から二時間の「火曜ワイドスペシャル」枠で、それは突然放送された。

『反町隆史が泣いた！　アフリカ最高峰・キリマンジャロに挑む』

ちょっとまえに日本テレビの「スーパーテレビ」枠で『浜崎あゆみの真実』（番宣の大々的なキャッチ。正確なタイトルは『浜崎あゆみ…光と影25歳の絶望と決断』）ってのがあった。細かい内容以前に見出しだけで観ようという気にさせてくれる希有な例である。今回の『反町隆史が泣いた！』は、それ以上にインパクトがあった。

『浜崎あゆみの真実』といった場合は、事前に鑑賞計画が立てられる。あのキャラクターはどこまで素なのか、「真実」の重さをイヤらしく計測してやろうと。もしかしたらマスイメージのコントロールのためのプロパガンダかもしれないぞ、と。しかし『反町隆史が泣いた！』は、なんかわれわれにはあまりにも唐突であり、まるで鑑賞計画が立てられない。

反町は現在トップタレントのひとりであり、バラエティはおろかトーク番組にも出ない。よくよく考えてみれば素がどんな男なのかというイメージさえもっていなかった。そんな反町がいきなり「泣いた！」と言われても、二重の意味で困るのである。仮に『反町隆史が笑った！』というタイトルだったらどうか。それでもチャンネルを合わせたにちがいない。つまり「いきなり反町特番」という時点でこの企画は成功なのだ。

特番は仮タイトルで制作を進行することがよくある。この『反町隆史が泣いた！』も、むろん初めは違った。『反町隆史、アフリカ最高峰・キリマンジャロに挑む』程度だっただろう。それが、運よく泣いてくれたわけである。すかさずデカデカと『反町隆史が泣いた！』と相成った。誰が付けてもこういうタイトルになったかもしれない。が、倒置法っぽくいきなり「泣いた」の一文を前にもってきたイヤ〜なセンスには素直に拍手を送っとこう。

「反町とは何者か？」という、現在人類が抱える最大の謎を追うべく、放送当日オレはチャンネルを8に合わせた。そして、二時間が過ぎていく……。

反町酸素、五四%(意識混濁寸前)

いや〜じつにすばらしい番組だった。これ以上は望むべくもない、早くも出た「二〇〇〇年度ベストテレビ番組」である。

唐沢寿明の抑揚のないナレーションなどいくつか難点はあったが、小さい小さい。反町がキリマンジャロを登っていく。それだけで合格点である。二時間が短かった。できればこのまま頂上に着かないでほしい、いつまでも反町クンの登山姿を観ていたい……(コラコラ)。

内容はシンプルであり、プライベートで登山の楽しみを覚えたばかりの二六歳・反町が、キリマンジャロ登頂に挑むというものだった。「ウサギとカメでは、自分はカメだと思う」といった反町トークや、登山中に記した326風の(?)真っ直ぐな反町ポエム、山小屋で暇つぶしにと反町が出した反町クイズがわずかに挿入される程度の純粋なドキュメンタリー。六日間かけ、高山病と戦いながらアタックしていく。

体力には自信アリの反町だが、キリマンジャロは予想以上にキツい。血中の反町酸素が五四%へと減少し、卒倒寸前にまで追い込まれる。最終日、早朝に着く予定が大幅にずれ込んだ。休息をとりながら歯を食いしばり、午前九時ようやく登頂に成功する。

ついに拝めた! 反町涙。

「素敵な時間をありがとうございます」

五六八一メートルを登りきった同志との間では、こんなセリフもけっしてクサくは感じられない。念願のキリマンジャロコーヒーで乾杯。ああ、なんてすがすがしいんだろう。

山に登ることの社会学的、身体論的意味は明白である。世間の喧噪から離れ、体力がつき、意識も朦朧《もうろう》とする。そんななかで拝むご来光。涙も出るわ。わずか二時間だが、帯同者気分の視聴者にも、その宗教的効果はじゅうぶん発揮される。反町酸素、反町涙などとふざけてみたが、ゆえがある。そう、これはすでに反町教なのである。頂上に着いた頃にはイニシエーションを終え、視聴者も反町教の信者になっている。すがすがしいわけだ。うーん、登山番組っていいなあ★

反町が教祖たりえた理由は何か。簡単である。長嶋茂雄のように「超」が付くくらいの自然児だからだ（神託の能力がある）。素顔の反町はＧＴＯさながらにナチュラルな男だった。制作サイドもそれを察してだろう、一切このトップタレントを「接待」するような演出がない。番組が成功した一因である。『反町隆史が泣いた！』というキャッチは唐突だったが、観終わった今、そこには見事なまでの宗教的完結がある。

キムタクだったらどうか。同じようにはいかないだろう。キムタクの売りの「自然体」は（本人が意識しようとしまいと）演出のひとつであり、カメラとは無関係に存在するような本当の「素」ではない。キムタクが安定供給してきた定番商品としての自然体に、じつは「泣く」というメニューは存在しないのである。彼は間違ってもキリマンジャロにチャレンジはしない。大自然に「見えない鎧」を剝がされるのがわかっているからだ。現在のテレビ界で、『キムタクが泣いた!』は(ありそうでいて)まずありえないだろう。

「教祖体質+登山」。なるほど最高の組み合わせである。ぜひ夏のレギュラー企画にしてほしい。そうだなあ、「YOSHIKI+モンブラン」なんか観てみたい。X JAPAN(宗教バンド)大好きだし。ラストシーンは頂上でモンブラン(ケーキ)をほおばるYOSHIKI。企画書も最初から『YOSHIKIが泣いた!』でOKでしょ。当然泣くからね、彼は。

町隆史が泣いた!』ってタイトルもかなりズルいが、他にどんなタレントを使ってズルが可能かをシミュレートしてみよう。『長渕剛が泣いた!』……ま、ツッパリと男泣きは紙一重だから(五〇点)。『松本人志が泣いた!』……五年前ならともかく、今なら山くらい登るし、泣くかもね(六〇点)。『松岡修造が泣いた!』……美しい涙が見られそうだ。癒されてぇー(七〇点)。『鶴瓶が泣いた!』……むしろ観たい、山頂でのウソ泣き(八〇点)。『石田純一が泣いた!』……素足に登山靴のオシャレ山登り。泣くゾ~登頂失敗で(九〇点)。『さんまが泣いた!』……『あっぱれさんま大先生』の卒業式でも泣かない男の、心からの涙が見られる日は来るのか。これが拝めたらオレもテレビは卒業します(一〇〇点)。

「シルキー小学生」の誕生

R&B時代到来の声をイガグリ少年に聴く

『BSジュニアのど自慢』NHK衛星第2 2000年11月

なぜ宇多田ヒカルだったのか?

なんか、気づけば世の中がえらいことになっている。「ソウル・ディーバ」(歌姫)なんて言葉もフツーに流通するくらい、R&B色に染まっちゃっているのだ。R&Bってのはキムタクによれば「ロック&ブルース」の略らしい(本当にあったコワ〜イ発言)。ま、オレも生粋の日本人だし、R&Bがなんなのかと言われても正確なところは説明できない。ただ重要なのは、それがアメリカの音楽であり、黒人から生まれてきたということである。

このことは一度連載で書いている。今を遡ること三年半(九七年五月)、タイトルは「ソウルは一日にして成らず」。その意味は、日本人によるソウル(とりあえずR&Bと同義としておこう）の習得は付け焼き刃のように簡単にはいかない、というものだ。表を見てもらえばわかるが、この九七年当時、ソウル、R&BはJポップ界では無風状態だった。にもかかわらずオレはソウルブームを予測し、また渇望していたのである。おさらいすればコラムの主旨はこのようなものだった。

「今後のJポップ界にくるのはソウル（テイスト）である。が、黒人音楽にルーツをもつソウルは、リズム感、感情表現の面でどんくさい日本人にはとっつきにくい。ソウルフルな生き方をしてきた人間だけがこの音楽をものにすることができる。織田哲郎（八〇年代ロック）、小室哲哉（九〇年代ダンス）に続き、はたして誰が日本人にソウルを教えてくれるのか」

つけ加えれば、その当時業界を席巻しつづけていた小室哲哉に泥臭いソウル的資質がないことを指摘し（限界値は『SWEET 19 BLUES』と査定）、

[日本R&B創世年表]

●1996
5/13 久保田利伸『LA・LA・LA LOVE SONG』
8/21 安室奈美恵『SWEET 19 BLUES』(小室渾身のR&B)

●1997
2/21 久保田利伸『Cymbals』

●1998
2/21 MISIA『つつみ込むように…』(1st)
5/21 MISIA『陽のあたる場所』
12/9 宇多田ヒカル『Automatic』(1st)
12/16 鈴木あみ『white key』(小室サン、何かに再チャレンジ)

●1999
2/17 宇多田ヒカル『Movin' on without you』
4/28 宇多田ヒカル『First Love』
9/15 小柳ゆき『あなたのキスを数えましょう』(1st)
11/10 宇多田ヒカル『Addicted To You』(茶髪、細眉に変身)
12/8 倉木麻衣『Love, Day After Tomorrow』(1st)

●2000
1/19 平井堅『楽園』(苦節5年のヒット)
3/15 倉木麻衣『Stay by my side』

本格ソウル時代到来の遅れを憂えたわけである。

それから一年経った頃、担当編集者が勝ち誇った顔でオレにこう言ったのを思い出す。

「そういえば連載初めの頃、ソウルがくるとかって書いてたけど、けっきょくこなかったな」

すでにＭＩＳＩＡが売れはじめていたのだが、一般の受けとめ方はこの程度だったと記憶している。九八年半ばの時点ですら、まったくＲ＆Ｂブームなんてもんは予想されてなかったのだ。

大ブレイクのきっかけはやはり宇多田ヒカルだろう。「ソウルは一日にして成らず」の言葉どおり、Ｒ＆Ｂを日本にもたらしたのは帰国子女だったわけである。

猫も杓子もＲ＆Ｂ（本当にＲ＆Ｂに分類していいかはべつとして）という時代が訪れたのはそれからすこし経った九九年前半あたりだったと思う。オレがソウルの到来を待望してから実際にＲ＆Ｂブレイクが起こるまで二年はかかった計算になる。もっとも、これも予想どおりではあった。ネックはカラオケなのである。コラム「ソウルは一日にして成らず」の結びは、日本人にＲ＆Ｂは難しい＝カラオケで歌えない、だから簡単には流行らないかも、で終わっていた。いうまでもないが、現代はカラオケが日本のチャートを、ひいては音楽業界を動かしている。カラオケ・ヒットが見込めない＝メガ・ヒットしない、という図式だ。

いま流行っている日本のＲ＆Ｂは、やはりちょっと歌謡曲が入っているというか、口ずさみやすいソウル・テイストの曲である。もとより日本のディーバたちがアイドルとするマライアなんかも、ほんとはＲ＆Ｂなんかじゃなくただの米ポップ（こめぽっぷ、と読む）である。だから現在のヒットチャートをかたちづくっているのは、あくまで日本的R&B享受のひとつの答えだろう。宇多田サウンドはもっとも象徴的であり、かなり巧妙に歌謡ポップがブレンドされている。ルックスが全然ブラックを狙っておらず、小綺麗（?）だったのもJポップですんなりメジャーになった要因のひとつだろう。この点でルックスも含め黒人っぽいMISIAとは違う。

そんなわけで、困難と思われていたR&Bの日本への移植がようやく成功した。一歩前進の歌謡R&Bで満足である。ここまで浸透してきたことを考えると、いま巷のカラオケボックスではチャート上位のR&Bソングが日本人ボーイズ&ガールズによって切々と歌い込まれているということになる。ことになるっていうか実際歌われているわけで、その恐ろしい（!）場面をオレはとあるテレビ番組で目撃してしまった。

日本男児よどこへ行く

『BSジュニアのど自慢』。総合テレビの『NHKのど自慢』の子供版にあたる、最高にヒップな番組である。衛星チャンネルが増えたことで無理やりひねりだした企画のようにも思えるが、これがけっこうおもしろい。子供といっても歌う曲は十代二十代のヒットチャート曲である。一番人気はたぶんSPEED。女子四人組が振り付け（ダンスではない）をこなしながら歌ったりする。ふだん接することのない小中学生の生態をつかむという意味でも定期ウォッチングをオススメしたい番組である（高校生の生態は教育テレビの『真剣10代しゃべり場』で）。やってればかならずチャンネルを合わせていたオレは、その日も点けっぱなしのテレビから流れる子供らの下手な歌をBGMにくつろいでいた。

宇多田ヒカル、小柳ゆきの曲なんかもポツポツと歌われはじめている。でも、やはり子供の歌唱センスではおぼつかない。ま、しかしこんなご時世に小学時代を過ごした子供たちは今にすごいR&Bヴォーカリストにでもなるんだろーか……。てな思いにもかられていると、ふと違和感を感じずにはいられない、ムチャなヴォーカルが耳に飛び込んできた。慌ててブラウン管を注視する。

「誰も〜がぁここぉ〜でぇ〜ぇへぇ〜」

違和感の正体、それは平井堅の『楽園』を熱唱する男子小学生であった（！）。ど真ん中のアーランビー。しかもバラード。それをか〜なり切々と歌い上げている。上手いのではない。むしろ下手である。それでも平井堅ばりのシルキーヴォイスで、切々と、切々と……。

誌面では伝わらないかもしれない。小学生でこの切々さ加減、スウィートさ加減はまさに前代未聞だった。人前での無用な感情表現を潔しとしないあの日本男児もここまできたか。ほんとに世の中えらいことになってしまった。「切々小学生」「シルキー小学生」の誕生である（なんのこっちゃ）。

日本のR&B業界は完全に女性ヴォーカリスト上位である（Jポップ全体もそうだが）。だから『ジュニアのど自慢』で女子小学生がヒッキーを歌うのにも耳慣れていた。しかし、いきなり飛び込んできた平井堅にはオレの免疫アプリも未対応だったわけである。

イガグリ頭の（たぶん違うが、記憶のなかでは完全にそういうことになっている）、『やっぱりさんま大先生』の「よしき」にも似た、田舎にかならずいる純朴そうなガキ。その絵に描いたようなハナタレ小僧が、遠い目をしながら平井堅を熱唱している。残念ながら鐘は二つ。でも力は出し切った。

地方にＮＨＫ『のど自慢』が来た、同じ小学校に出場者がいた、となれば次の日はその話題でもちきりである。圧倒的注目度のなか、イガクリ君は平井堅を熱唱した。照れることなく、歌の世界に浸って、瞳も虚ろに、ときおり手振りを交え、しかも鐘二つ。日本のＲ＆Ｂ界も今は黎明期である。しかし、ここから先はすごい加速をみせるかもしれない（希望）。

第2章

2001.8–2007.1

そして誰もがテレビになった

◉レンズがあればなんでも映る

テレビカメラと被写体との完全なる蜜月時代、それが第2章である。
レンズはより広角になり、あらゆるものを視野に収めることが可能になる。
いや、われわれの世界そのものが、ありふれたテレビ映像として創出されていくのだ。

——スベり芸人と称される人々は、かつてはテレビがけして映すことのなかった
「芸人がスベる」姿さえも、平凡な風景のひとつとして描き出す。

『リンカーン』は、お笑い界の主流派がさらに大きな集団になることで、「外部」を消失させる。

彼らが「巨大焼きそば」「巨大ところてん」に憧憬を抱くのはゆえのないことではない。

カメラの遍在と死角の縮小を物語るのは『TVのチカラ』である。

われわれは、誰かが、あるいはわたし自身が、テレビにくまなく映し出されることに麻痺していく。

映すべき場所と映すべからざる場所、映す者と映される者の境界を失い、
すべてが光に照らされ、内側で自己完結する。

そうした、円環へと向かう世界の比喩を『オーラの泉』にみて、本章の区切りとしたい。

スベり保険への加入はほどほどにしましょう

芸人の器を計るチョー簡単な方程式

2001年8月
『27時間笑いの夢列島』
フジテレビ

なぜフジは『27時間』を続けるのか？

フジの『27時間テレビ』の評判ってどうなんだろうか。日テレの『24時間テレビ』と比べると、同じように毎夏やっているわりにお茶の間に定着しているとは思えないし、募金を集めるといった公共機関としての理念・意義があるわけでもない。メインキャスターが眠れないことを番組内でブータレながらダラダラと続く二七時間は、「電波の無駄遣い」といった批判もしばしば耳にする。

もともとこの番組は日テレの『24時間テレビ』へのアンチとして始まった。「楽しくなければテレビじゃない」という当時の軽薄でイケイケなノリがつくらせたものと記憶する。初回の一九八七年から十年以上が経ち、世情は様変わりしたが、番組の構成や雰囲気はほとんど変わってない。フジの『27時間』は、同局が視聴率ナンバーワンを誇っていたバブル当時の真っただ中なのである。

批判的ともとれる書き出しだが、オレとしては『27時間』両手を挙げて賛成であり、この無意味無思想なノリをずっと続けてほしいと思っている。夜中の「ハケ水車」（水着姿の女性がハケ付きの水車にまたがるエロ企画）や「七人のしりとり侍」（イジメを助長するとして放送中止になった『めちゃイケ』の人気コーナー）復活かと思わせる演出など、世間の良識をあざ笑うような内容は、むしろPTA主導のダメ良識へ傾きすぎる近年の放送界の振り子を、真ん中へ押し戻そうとする役割を果たしているとさえ思える。この逆自浄作用がなくなったら、たぶんフジも終わりだろう。

今回は笑いがテーマということで、お笑い系のタレントが勢ぞろいした。この番組のよい視聴者であるオレは、二七時間のうちの二〇時間くらいは観たことになる。番組に対する周囲の評判はいつものように芳しくなかったが（つまらないと言えば勝ちといった空疎さ）、オレは今年もまたたっぷり楽しんでしまった。

お笑い芸人が入れ替わり立ち替わり、二七時間出ずっぱりでボケてはツッコみ、ツッコんではボケている。すると何が起こるか。恐ろしいことが起こるのである。観てたぞォ。

生放送中の小さな大事件

今年の『27時間テレビ』、そこで起こった事件とは何か。なんと、何人もの芸人が思いっきりスベっていた（！）のである。

いつもは絶妙のボケとツッコミで笑わせてくれる当代のメジャー芸人たち。彼らはなぜスベりにスベっていたのか。放送時間が長いから、それに比例してスベった回数が増えたのだろうか。いや、違う。生だったから、台本がなかったからスベったのである。

ふだんの放送で目にする、いかにもアドリブっぽいやりとりもじつは台本どおりなんてことは珍しくない。またフリートークの場合、やはりスベることもあるわけだが、お笑い番組のほとんどが録画であり、編集されている。スベっているところはカットされ、たまたまおもしろかったところだけが強調されるのだ。『27時間テレビ』はそのほとんどが生であり、台本もきっちりつくってあるわけではない。すると、プロである芸人たちも高打率で笑いを取ることはできないのである。

番組開始早々、ウド鈴木、名倉潤がスベった。その後も次から次へと、いつもは観ることができないような切迫したスベりが連発する。横山やすしの扮装をした明石家さんまが完璧なスベりを見せた瞬間は、ちょっとしたお宝映像であった。

ただひとり、スベらなかった男がいる。ココリコ遠藤である。というのも、遠藤はいっさいボケなかったのだ。ボケられない。だからスベりもしない（涙）。

スベりのメカニズム

お笑い芸人にとってスベりとは、プロ野球選手がトンネルするようなものである。本来スベるという行為（結果）は、すべて切迫したものである。が、昨今は芸人じたいがスベりに対して保険を掛けにいっているフシがある。「スベり芸人」というポジションの獲得である。

「スベり芸人」というジャンルは、誰がいつ確立したのだろうか。よくはわからないが、代表的なところでは村上ショージ、山崎邦正の名が挙げられる。加えて、ふかわりょう、芸人ではないがユースケ・サンタマリアもこの領域に足を踏み入れつつある。

笑いが発生するメカニズムに「当てが外れる」というのがある。Aという行為をする。Bという結果を誰もが予想する。そこへCという結果がもたらされる。想定外の出来事に、見ていた者は思わず笑ってしまう。この単純な笑いのメカニズムでスベり芸人の位相を説明できるか。

Aというトークの筋を受けて、本来Bと答えるべきところをC（ボケ）と答える。そこで笑いが生まれる。スベり芸人は、瞬時にCとは答えられず、笑いが生じない。すると、お笑い芸人がボケるべき場面でボケられなかった、つまり当てが外れる（ここでツッコミが入る）。結果、笑いが生じる。

分析の当否はともかく、ボケきれてないことで笑いが生じるというヘンな位相が世間にすっかり認可されてしまった。エラーすることで野球選手としての地位を確立できるなら、こんなに楽なことはない。

『27時間』も終わりにさしかかったとき、この番組全体を振り返った感想をメイン司会ひとりひとりに聞いていった。ウド鈴木は「番組冒頭でスベったことが今でも心残りです」。この発言じたいは計算どおりに笑いが取れた。しかし、受けなかったことをネタにしているわけで、やはり「スベり芸人」という保険的ポジションの存続に寄与する発言である。

芸人ひとりひとりがそれぞれの思惑にしたがって大小の「スベり保険」に加入し、給付を受けようとしている。ナンセンスなボケが得意のホリケンも、微妙だがやはり「スベり芸人」だろう。ココリコ田中も『27時間』では明らかに「スベり芸人」として機能していた。多くの芸人がこの『27時間』のナマ&長丁場には降参し、手軽に「スベりにいく」という落としどころをみつけてしまっていたようである。

「スベり保険」への加入は、芸人としてはやはりハンパである。ダウンタウン、とんねるず、ウッチャンナンチャン、大物芸人でこの保険を掛けている者はいない。ナイナイも掛けていないほうに数えることができる。「無保険芸人」たちはいざスベったときのショックが大きい。周りの誰もフォロー（スベったなというストレートなツッコミ＝スベり保険の給付）をしてくれないからである。だから打率十割という理想を目指して必死で笑いを取りにいく。

さて、『27時間テレビ』総合司会のひとり・遠藤、彼はエンディングで番組をこう振り返っていた。

「お笑いの先輩と共演できて勉強になった。マジメな答えですいません」（涙。も出ねえよ遠藤サンよォ）

肩すかしで行こう！
わが身を切り売りしなかった石田純一を賛美する

『イタリア大好き!! 石田純一&長谷川理恵』
2001年11月
テレビ朝日

突然の初共演番組

石田純一ってカッコイイんだろうか。いや、ルックスの話なんだけど。現在四六歳の純一（以下、この稿ではＪＵＮＩＣＨＩと記す）がブレイクしたのはたぶん「トレンディドラマ」っていう言葉が流行っていた頃だと思う。その後も役者というよりはタレントとしてテレビに登場。「あの人はいま?」的な存在として消え去るでもなく、コンスタントに露出してはいる。

でも、ＪＵＮＩＣＨＩってカッコイイんだろうか。いや、ルックスの話なんだけど。男の目からすれば全然イケてるようには見えない。髪の分け目もツラいし、あの肩からカーディガンを羽織ったりポロシャツの衿を立てたりするファッションセンスも、なんか微妙なんである。

モテ男を絵に描いたような八〇年代的ライフスタイルも含めて、むしろ博物学の対象になりつつあるJUNICHIに、息子・壱成の不祥事という追い打ちがかかった。だいじょうぶかJUNICHI。そんな折りも折り、この妙な特番は放送されたのである。

『イタリア大好き!! 石田純一&長谷川理恵』(テレビ朝日)。ロケ日はなんと壱成の公判の日。当然JUNICHIは日本にはいられない。

「今後息子の更正に尽くしたいとかなんとか言ってて、けっきょく仕事優先ですか」そんな批判が、なんとテレ朝・徳永有美アナからも飛び出してきた。徳永ってひとこと多いタイプだけど、自局の番組にケチつけるとはねえ。

「不倫は文化」発言、カミさんからの三行半、息子の不祥事。四面楚歌といえるJUNICHIがそれでも厚顔無恥に恋人・長谷川理恵とラブラブ旅行にでかける。世間は彼の行動をどう見るのか。それとももう関心すら示さないのか。

恋愛中の、それも不倫を経たふたりが初めてブラウン管で共演する。ドラマではない、素をさらけ出す旅番組である。モデルである長谷川理恵のキャラクターは今までテレビではほとんど確認すらできていない。私生活ではJUNICHIのことをどう呼んでいるのか……。この番組は日曜の昼下がりにやるにはもったいないくらいの、密かなビッグプログラムである。

ところで、オレはなぜ石田純一をJUNICHIと記しているか。かなりの純一好きなのである。九九年の離婚会見で開陳された石田哲学が、オレのハートに火を点けてしまった。冒頭のルックス云々は逆説であり、カッコだけで語られがちなＪＵＮＩＣＨＩの中身にはもっと注目してやってほしい、そういう意図があった。

最近のタレントのテレビ業界への迎合、おもねりにはまったくあきれている。私生活の隅から隅までカメラに映させて商品化、オマケにその「私生活」がじつは打ち合わせ済みのヤラセなんだから価値のかけらもない。たとえば記者会見中の川崎麻世のケータイへのカイヤからの（偶然を装った）生コール。あるいは、なにかとキナ臭い事件が起こる神田うのの周辺。いまや安っぽいヤラセ芝居による話題の提供がタレントの主たる仕事になりつつある。

なかで、ＪＵＮＩＣＨＩの存在は本当に希有だと思う。ＪＵＮＩＣＨＩが芸能記者や徳永アナを怒らせるのは、けして芸能的計算のためではない。むしろ石田哲学と芸能ジャーナリズムとの決定的な齟齬《そご》が、石田の存在を悪いほうへ際立たせ、現在の四面楚歌を招いているのだ。

ふつうにやったらふつうの番組が……

んなワケで、「ＪＵＮＩＣＨＩ特番」じっくり観させてもらった。結果的には、これは「ＪＵＮＩＣＨＩ特番」というより「長谷川理恵特番」であった。イタリアでのふたりは別行動が多く、ＪＵＮＩＣＨＩが買い物、長谷川理恵がイタリア的生活の体験といった具合で、オンエアの割合も長谷川のほうが長かったように思う。ふたりが一緒だったのは番組の最初と最後だけ。「ＡＶ

借りてきたらドラマばっかでエッチシーンはほんのちょっと」そんな肩すかしな印象ではある。制作が下世話度の比較的低いテレビ朝日であり、また日曜の旅番組枠のせいもあったかもしれない。芸能的興味をそそるような展開より、イタリアそのものをクローズアップしていくような演出だった。そのなかで、石田も長谷川もごく自然に振る舞っていた。

待ち合わせに遅れてきたJUNICHIは理恵ポンに会うなり軽～く髪にキス。しかしそこにはアツアツといった雰囲気はなく、芸能的アピール感もない。まあこんなことをふだんからさりげなくやってるんだろう。四六歳のくせにオシャレさんですねー。

相方・長谷川理恵の生キャラを目にするのは今回が初めてである。タレントというよりモデルであるため、トークがすばらしく立つ感じはない。もっともおとなしいわけでもなく、お嬢さん的ルックスの割にサバけた印象であった。一まわり以上離れたJUNICHIとは対等の関係にみえる。番組中、JUNICHIの名を呼ぶシーンはなかったのだが、想像では「純一さん」ではなく「タロー」（本名）と呼んでいるだろう。今まで長谷川理恵はオレのなかで平子理沙（吉田栄作のヨメ）とカブッていたのだが、これで分別が可能になった。

ある意味驚いたのは、こんなビッグプログラムのオンエア後も石田の芸能的位相はまったく変わらないということである。『イタリア大好き!! 石田純一&長谷川理恵』と題された番組は、けっきょく視聴者になんら芸能的衝撃を与えなかったのである。

石田と長谷川のイヤらし～い部分を観たくてチャンネルを合わせた視聴者も少なくなかっただ

ろう。が、そう期待をした向きにはまさしく肩すかしだったはずだ。ロケ中のふたりのじゃれあいにはなんの過剰さもなかった。ＪＵＮＩＣＨＩの一瞬の言葉尻をとらえて、「今のノロケですか？」とロケスタッフがツッこむシーンもあったが、番組側の必死の営業努力にすぎなかった。

　この「無衝撃性」も、はたしてオレには満足であった。ＪＵＮＩＣＨＩは、私生活の肝心な部分を芸能的手段として切り売りしなかったからである。

「個人的に言えば、試練がひとをつくるというか。逆境がひとを新しくするというか……。で、こういうとこ（イタリア）って最高だね」

　番組最後の、ＪＵＮＩＣＨＩのセリフである。渦中ともいえる自分が番組にキャスティングされたという芸能的要請を感じとって、おそらくサービスで語った部分だろう。しかし、そこに語りすぎはなかった。また石田のオリジナルトークが聞けると期待したオレとしてはもの足りなくも感じたが、それでいい。テレビなんかにいいことを語ってやる必要もないだろう。

　でも、今度どこかでバッタリ出逢ったら、オレだけには腹を割って語ってくれよな、ＪＵＮＩＣＨＩ！

ボブ・サップ始めました。（館長）

格闘技からついに「技」の字が消える

『K-1グランプリ2002』フジテレビ
2002年10月

「ホイス落ちた事件」の真相

先日の『Dynamite!』吉田×ホイス戦の「ホイス一瞬落ちた事件」、格闘技ファンはどう見ただろうか。縦四方からの袖車締めでホイス・グレイシーが力無く腕を垂れ、落ちたと見えたところで吉田秀彦が目で合図。レフェリーの確認によりゴングが鳴らされ、吉田が力を抜いた瞬間にホイスはサクッと起き上がった。血相を変えて落ちてないと主張するホイス。また始まったよ、電車一族お得意の「オレは負けてない」口撃が。もちろん判定は覆らなかったが、グレイシーサイドは延々と猛抗議。スッキリしない結末だった。

知り合いの格闘技ライター（格闘技経験者）は「一瞬だけ落ちることがあって、その場合は自分でも気づいてない」と分析。甘いねえ。あいつらはオレたちが考えている以上にズル賢いよ。あの「一瞬落ち」は、グレイシー・ジウジツ四九番目の技、「落ちた振りして我が振り直せ」だよ。

ホイスは落ちてなかった。落ちたフリをしたんである。そーすると相手の吉田は「あ、落ちたな」とうっかりする（ゴングが鳴るかはケースバイケース）、そこで我が振りを直す（スキを見て体《たい》を入れ替えるなど）という究極のダマし技だ。ホイスの親父エリオ・グレイシーが木村政彦に落とされかけたとき、夢うつつのなかで思いついた技だという夢をオレが見たのでまちがいない。この技のポイントは、仮にゴングが鳴ってもすぐ起き上がれるのだから、本当に敗北したようには見えず、格好がつく。吉田戦みたく完全にキマっていてあとは落ちるだけなら、早々に落ちるフリしてゴングを鳴らさせれば「鳴らされ得」という寸法だ。ハイ、みなさんご一緒に、「きったねえ〜!!」

さて。年末も近づき、格闘技ファンの話題の中心はK－1グランプリ東京ドーム大会である。毎年楽しみにしてはいるが、この第一〇回大会にはまた二重の楽しみがある。ボブ・サップだ。

現在の石井館長の心中察するに余りある。「こんなヤツ、連れてくるんじゃなかった……」。身長二〇〇センチ。体重一七〇キロ。ヤン・〝ザ・ジャイアント〟・ノルキヤが一四〇キロだから、もうノルキヤですら存在意義が無くなってくる。しかもノルキヤのようなブヨブヨじゃない。筋肉の塊である。あの千代の富士を二メートルにして、さらにヨコに一・五倍にしたような体格なのだ。ついたあだ名は「暗黒肉弾魔人」。

東京ドームへのチケットをかけた今年のグランプリ開幕戦、肉弾魔人はアーネスト・ホーストと対戦した。このマッチメイクは当然館長の手によるものだと思う。が、結果的にはメイク失敗だった。館長の目論見をハズれ、肉が勝ってしまったのである（！）。

スポーツ格闘技よ、さようなら

肉・サップはNFL出身であり、いくら運動神経が優れているといっても格闘技経験が浅い。グローブマッチ、しかも試合巧者のホースト相手となれば、まちがいなくホーストが勝つだろう。というより、規格オーバーの肉サップに勝てそうなのは、スリータイムズ・チャンピオンのホーストくらいなのだ。

ゴングと同時に、肉弾が飛んでいった。凄いラッシュだった。が、ホーストはなんとか受けとめ、やがて得意のローキックが決まりだす。徐々にペースはホーストへ。途中、五連発でローが入ったときはボブ・サップの顔が歪み、半泣きに見えた。やっぱホーストって凄い。

ところがである。辛抱耐えかねた肉弾魔人は、ガードもクソも、手ぶらでホーストをコーナーに追い詰め、スローモーションで振りかぶって思いっきり殴ってしまった。いや、ストレートとかフックとかじゃなくて、殴っちゃったんですね。テンプルとかレバーとかじゃなく、殴っちゃったんですね。

ホースト、ダウン。鼻血。瞼カット。メディカルチェック……。と、会場が一体となってなにやらコールしはじめた。

「場内から〇〇コールが！」（藤原紀香）

一瞬聞き逃したオレは、ははあ、肉サップへ称賛のコールか、と思った。オレ自身、ホーストから力ずくで起死回生のダウンを奪ったサップにド肝を抜かれ、興奮していた。サップかっこいいぜ。が、それはまったくの勘違い。会場を埋め尽くしていたのはホーストコールのほうだったのである。

ハア？　なんでここでホーストコール？　まあコールが沸きあがるのは苦戦を強いられている選手に対してだから、ドクターチェックの最中のコールがホーストに対してのものだったのは当然といえば当然である。が、まさか会場が一体となるほど（館長談）とはねえ。

もう過去のスリータイムズ・チャンピオンなんかオレにはどうでもよく、あとはサップがトレーニング無用の肉弾殺法で相手を血祭りに上げてくれるのを楽しむだけだ。

試合再開。肉弾ラーッシュ。ホーストあっさり二度目のダウン。再流血。ホースト立ち上がる。残り一〇秒。肉、またも手ぶらでコーナーへ追い詰め、殴る、殴る、殴る。ここでラウンド終了のゴング。

おもしれぇー！　こんなワクワク、バンナVSアーツKO合戦（九九年・グランプリ準々決勝）以来かもしれない。固唾を飲んで第二ラウンドを待った。が、さあ開始かと思われたところで

ＴＫＯのアナウンス。理由はホーストの瞼のケガだった。

かくして、グランプリ決勝の地・東京ドームへのチケットはボブ・サップが手にした。が、困ったのは石井館長だろう。サップがＫ－１で活躍するのはすこし早すぎる。一度ホーストに負けてからでも遅くはなかった。これでもしＰＲＩＤＥのノゲイラ戦（あとすこしというところまで追いつめたが敗北）まで勝ってしまっていたら……。格闘技界の地図はもうメチャクチャ、想像するだけで恐ろしくなってくる。

格闘技経験とか、トレーニングとか、精神修行とか、黒崎道場とか、もうそんなもんはいっさいいらないんである。あ、もちろんヒクソンの両手ぶ〜らぶらも腹踊りも不要。ただ求められるのは生まれつきのデカさ、筋肉。デカいヤツが勝つ——誰もが思っていて誰もが言えなかったこの事実をボブ・サップが証明しようとしている。「柔よく剛を制す」幻想は消え、「獣」が「柔」も「剛」をも制す世界がついに訪れてしまった。アルティメット系のリアル格闘技がプロレスをクラシックへ追いやってしまったように、「デカい系」格闘技が「巧い系」格闘技を消し去るかもしれない。とすれば、格闘技じたいが終わる。それどころか「格闘技」から「技」の字が駆逐されるだろう。まあいいじゃん、一回終わってみれば。来年の今頃、東京ドームの四強は、ボブ・サップ、ヤン・ノルキヤ、セーム・シュルト、それからマット・ガファリとさせていただきます。

「お相撲さん」とは何か?

貴乃花の相撲人生を勝手に総括する

2003年2月
横綱貴乃花引退

言葉としての「お相撲さん」

二〇〇三年一月二〇日。両国国技館には、多くの記者、カメラマンが詰めかけていた。貴乃花の引退記者会見である。ざわめきとともにフラッシュが次々とたかれる。主役の登場だ。決意を胸に、貴乃花は中央、金屏風前に座った。その表情は驚くほど澄みきっていた。

「えー、宮沢りえさんに対する、愛情がなくなりましたので……」

そういうボケを期待してたんだけどねえ。まあそこまでは無理にしても、「相撲に対する、愛情がなくなりましたので……」と十年まえの自分の口調をマネてくれれば完璧だったんだけど。

宮沢りえついでに言っておくと、ふたりが結婚を前提につきあっていると初めてマスコミに明かしたのは父親の藤島親方（当時）だった。その様子を見たビートたけしの言葉が今も忘れられない。

「息子が道端で一千万円拾ってきたような顔してしゃべってた」

むかしから思っていたのだが、「お相撲さん」というのはすごいなあと。いや、名称の話である。「相撲」というスポーツがあって、それを行うひとが「お相撲さん」だというのは、そのまんますぎる。日本語のなかに、競技と競技者との関係を「〇〇さん」と呼ぶものが他にあるだろうか。この命名方式でいけば、「野球」↓「野球さん」、「将棋」↓「将棋さん」、競馬↓「お馬さん」となってしまう。

なぜ相撲は「お相撲さん」なのか。「相撲」＝記号的存在としてのデブ＝「お相撲さん」と考えていいかもしれない。つまり、相撲取りになる、相撲の道へ入るという時点で、すでに全身が相撲という惑星の住人、相撲星人になる、それが「お相撲さん」という言葉だろう。

相撲星人の、「デブ」以外の外見上の特徴が「まげ」である。これはある意味デブ以上に「お相撲さん」を「お相撲さん」たらしめる。他のスポーツ選手は、ユニフォームを脱げばふつうの生活に戻れるが、「お相撲さん」はそうはいかない。「お相撲さん」がスーツに着替えても、頭から突き出た相撲星人特有の〝触角〟のせいで「お相撲さん」とバレてしまうのである。明らかにまげを結っているのに、「オレと結婚前提につきあおう。年収三千万の青年実業家だよ」と口走ってる結婚詐欺の相撲取りがいたら、ぜひご一報ください。

言葉のもつ特異性という面で、まったく同じなのが「ちゃんこ」である。ちゃんこをごった煮の鍋料理だと思っている人がいるかもしれないが、ちゃんこというのは角界で言うメシのことであって、相撲取りが食うものは全部ちゃんこである。ここに、お相撲さん＝相撲星人の本質がよく現れている。宇宙で食べる食事がシリアルであろうとカレーであろうとすべて「宇宙食」であるように、相撲取り・貴乃花がイタダいちゃうものはすべて、鍋料理であろうと焼き肉であろうと河野景子であろうと「ちゃんこ」なのである。

相撲惑星「ドスコイ」への移住

貴乃花と若乃花が「お相撲さん」になると決めたのは、それぞれ十五歳、十七歳のときだった。このふたりが相撲部屋に入ることとは、他の力士の入門とはかなり異なる側面がある。自宅が相撲部屋を営んでいたことだ。本来、入門というのは、住み慣れた地球を離れ、相撲惑星への永住を決め込むことだが、彼らはもともと相撲惑星の中に住んでいたのである。ここでどのような「お相撲さん」へのイニシエーションが行われたのかというと、「自宅の三階から二階の大部屋へ引っ越す」というものだった。この時点で、「お父さん」が「親方」に、「お母さん」が「おかみさん」に、「自宅の三階へ行く」が「地球寄ってく?」になってしまったのである。

相撲惑星「ドスコイ」の住人をやっている間に、親方とおかみさんが別れてしまった。相撲惑星にとって、これがどれほどの意味をもつかは地球人であるわれわれにはわからない。が、「お父さん」と「お母さん」の離婚だとすれば、これはまちがいなく一大事である。貴乃花が現役生活に幕を閉じた＝地球人に戻ったというわけではないが（そのまま二子山部屋付きの親方になった）、少なくとも地球人としての位置関係が、十五年の歳月を経て、一気に目の前により戻されたのはまちがいない。

「なんだったのよ。離婚の原因は？　けっきょく憲子の浮気かよ？」

みたいなことを、現役を退いた貴乃花がオヤジ・二子山親方に追及を始める時期がようやく訪れた、とみてよいだろう（だからなんだというヤボな質問はお断りします。「ああ、追及してるんだな」そう思ってニヤニヤしてください）。

貴乃花は、そうした「お相撲さん」の世界の頂点、「横綱」にまで上り詰めてしまった。相撲惑星そのものが、地球人から見れば特異であるのに、その頂点に在る者は、相撲惑星の本質をもっともよく体現していなければならない。いや、体現しないという手もあり、それが双羽黒（北尾）であったわけだが、体現しない横綱・双羽黒が相撲惑星から逃亡せざるをえなかったように、反相撲分子は、相撲惑星にはとどまっていられないのである。

晩年の貴乃花も、横審や好角家から反相撲分子の烙印を押されかけていた。七場所連続休場するような横綱はいかがなもんかと。これへの貴乃花の回答は、「無言」。この無言はじつは初めてではない。「宮沢りえ騒動」のときや、その余波を受けての横綱昇進見送り（二場所連続優勝しておきながらの異例の事態）のときも、また若乃花との確執、インチキ整体師騒動のときも、貴乃花はずっと無言だった。喉元過ぎればなんとやらだが、貴乃花の歴史は、ほとんどスキャンダルの歴史でもあったのである。それを無言で切り抜けるためのひとつの理念が「土俵」（結果）であった。貴乃花は結果だけで、「お相撲さん」の頂点・横綱を体現しようとしてきたのである。それが、「故障したままでの横綱期間延長」というアイロニーを招いてしまったわけだが。

北の湖理事長の肝煎りで一代年寄「貴乃花」の栄誉に与った貴乃花親方。しかし、オレのなかで貴乃花は「無言親方」である。若乃花のように相撲界を完全に去ることもなく、相撲惑星の発展に寄与することを目指す貴乃花親方が、「土俵」（現役）という理念・言い訳を失った今、どこに自己の相撲星人としてのアイデンティティをみつけていくのか。まあ「おしゃべりになる」という回答が、ひとつ予想されるわけだが……。

金持ち父さんは好きですか?

「勝ち組」と「負け組」それぞれの論理

『スーパーテレビ情報最前線』日本テレビ
2003年3月

でっちあげられた取材経緯

不況、倒産、リストラ……世の中のお父さんはホントに困っているらしい。景気とはそもそも無縁の生活を送るオレも、ブラウン管の「お父さん奮戦記」を手掛かりに、世間に吹きすさぶ寒風を知るしだいである。

『スーパーテレビ情報最前線』(日本テレビ)。いまや数少ないオジサン向けのイヤらしい番組のひとつである。なんでも「戦争」呼ばわりするのが好きで、「インスタントラーメン戦争」とか「コンビニ戦争」とか、社内外で苦戦を強いられてもがくお父さんの描写が真骨頂。政府も『スーパーテレビ』のなかのお父さんたちを見て、日本の景気動向指数をはじき出しているそうだ。

大のオッサン同士の喧嘩や涙が見たくて、たまにこの番組にチャンネルを合わせるのだが、今回はどうしても観たい理由があった。『マネーの虎』（日本テレビ）に出演中の「虎」（社長）が登場するからである。

放送枠拡大の特別版のタイトルは「突然会社が倒産した　実録！　外食ウォーズ」。マネ虎ファンから「コネリー」の愛称で親しまれている人物、小林敬が今回のスーパーテレビの主役である。この御仁は、もっとも居丈高な「虎」のひとりであり、意識の低いマネー志願者への容赦ない罵倒で知られている（讃岐うどん店開業志願者への「あほんだら！」は番組史に残る名言である）。ふだん他人のことをクソミソに言っている男の中身は何か？　そうした素朴な興味から今回の番組に観入った。

倒産した外食チェーンで店長をやっていた男が、新たな買収先の会社に居残り、再教育を受けつつ生まれ変わっていくという成長譚が、番組の描く大きなシナリオである。ここで、今まで外食産業とは無縁だった新しいオーナー会社に「社員教育」（飲食メニューの考案、経営、すべてのノウハウの伝授）の委託を受けるのが現在外食業界の成功請負人といわれる小林敬（小林事務所）であった。

おもしろいのは、この番組の表向きの主役がコネリー小林ではなく、倒産チェーンの店長（三六歳）になっていることだ。バブル期なら、明らかに小林（バラ色の成功者）を主役にしたはずである。しかし、不況時代では「悲劇」こそがネタになる。経営者交代→リストラされる？

↓なんとか居残れた↓お父さんガンバるゾ↓やっぱ無理だよ↓いやいや、もう一花……。視聴者の共感を得るため、「悲劇サイド」からカメラは迫ることになる。

実際のところは、日テレ（マネ虎）つながりでコネリーサイドから取材が始まったのはまちがいないだろう。「小林さん、今どんなプロジェクトやってるんスか？　へえ、倒産チェーンの建て直しですか」そういう感じで企画を広げていったと推測される。しかし、番組ではまったく逆のストーリーをでっち上げなければならない。主役を「哀れなオッサン」のほうにコペルニクス的転回しておかなければならないのである。そこで番組制作者がひねり出したストーリーがこうだった。

とある外食チェーン（北乃一丁）を取材していた。↓なんと、取材中に買収に合い、ある店舗はたたまれ、整理されることに。↓われわれは取材続行を申し入れ、新しい会社は快く受け入れてくれた。↓外食チェーンの建て直しは、新しいオーナー会社が委託した外部が行う。その外部の会社が小林事務所であった。↓われわれは新会社の命令で小林事務所の研修へ向かう男たちの姿を追った……。く、苦しい。だいたい「北乃一丁」なんかたまたま密着取材してるかっつーの。

フランチャイズという洗脳

というわけで、つぶれたチェーンから新店舗立ち上げの幹部候補生三人（店長三六歳、料理長四四歳、副料理長三九歳）が選ばれ、大阪へやってきた。一カ月にわたる、コネリーの地獄の研修が始まる。負け犬となった三人が、勝ち組に勝利の方程式を学ぶという構図だ。ちょっとまえの『愛の貧乏脱出大作戦』（テレビ東京）に似ている。

まずはフランチャイズ店向けの料理指導。次いで経営のノウハウが伝授されていく。それぞれ小林事務所の教官が指導にあたり、定期的に試験がある。商品開発（料理）の指導教官が二八歳、フランチャイズ立ち上げのスーパーバイザーが二六歳。若造ともいえるこの指導者たちに、三六歳、四四歳、三九歳のお父さんたちが敬語での応対を迫られる。二六歳のスーパーバイザーはナレーションで「小林の懐刀」と紹介された。このあたりは井上嘉浩（逮捕時二五歳）に「諜報省大臣」という役職を与えていたオウム真理教を彷彿とさせる。コネリーは、大阪でとんでもない夢の王国をつくっていたのだ。

お父さんたちがひとしきり若造に絞られたあと、ついに真打ち・コネリーの登場である。コネリーが激しく店長を罵倒するシーンがあることは、番組のスポットＣＭで知っていた。ワクワクして見守る。この男、どこまで大のオトナをイジメ抜くんだろうか。結果は、期待以上のものだった。

「死ぬ気で頑張ってこのザマか」

「そんなんで卒業でけへんからなアホッ」

「おまえの人間性グチャグチャにしたろか！」

こんな調子だから、事件が起こらないはずはない。研修に来ていた三人のうち、三九歳の料理人が包丁ケースとともに消えてしまったのである。

ビジネスホテルにいた男を、取材班がつかまえる。男は驚くほど冷静な口調で言った。

「小林事務所に来て、自分は洗脳されたくないんですよ。オレはオレでいたいから……」

番組は、不況時代の一コマとして、絶望から立ち上がろうとする男たちの背中を追っていた。そのスタンスは一見中立であっても「負け組から勝ち組へ」というお題目だけは疑われることがない。ただこの三九歳のお父さんだけが、「自分を殺してまで勝つ必要もねえ」と、番組（世間）が描くストーリーを否定しにかかったのである。やったね、お父さん！

『愛の貧乏脱出大作戦』でも、似たような光景は何度かあった。地獄の修行がイヤになり、主役が逃げ出す場面である。しかし、この『スーパーテレビ』の失踪はひと味違った。『貧乏脱出』では、どうしようもない店主が修行についていけなくなって逃げ出す、というパターンがほとんどだったが、今回の逃亡は「思想犯の亡命劇」だったからである。

三九歳の包丁人は、十本もの包丁を専用のアタッシェケースに入れて持ち歩く腕に覚えのある人物であり、修行を放棄したのも腕が追いつかないからではなく腕の持ち腐れであるからだった。小林事務所の修行の中身は、すでに下ごしらえのされたもの（出来合い）をただ時間内に綺麗に盛りつけるだけのフランチャイズ商法の修得であり、魚一本を丸ごとさばく「北乃一丁」の仕事とは無縁だったのである。

しかし、ドラマは意外な展開をみせた。一人になって頭を冷やした包丁人は、かつての自分の師匠を訪ね、命として分け与えられていた包丁を返そうとしたのである。プライドを捨て、フランチャイズのレシピに従うためのケジメだ。けっきょく包丁じたいは師匠の勧めで持って帰ったものの、この男は小林事務所の修行を続ける道を選ぶ。

三九歳のお父さんは大阪へ舞い戻った。と、そこには修行の第二段階へと進んでいた店長と料理長が待っていた。

「心配したよ」

「すいません、店長……。あれ、その頭は？」

「これ？　ヘッドギアだよ。これを頭につけるとさ、アルファ波が出て瞑想しやすくなるんだ。お客さんの気持ちが手に取るようにわかるってわけ。さあ、アンタも被った被った」

「へえ、悪くないな。ところで料理長、そのスープは？」

「コネリーさんの風呂の残り湯だよ。最高のダシがとれるんだって。フランチャイズ店なら一リットル一万円で譲ってもらえるんだ」

迎えた番組エンドロール。その向こうには、新店舗の板場に立つヘッドギアの二人と、店の入り口でインカム付きのヘッドギアを被ったスーツ姿の店長がにこやかな顔で客を迎え入れる姿が映っていた。ついに勝利をつかんだんだね、お父さん……。

（※うとうとしながら観てたので最後の部分は夢だったかもしれません）

マイケル・ジャクソン・ウォーズ
短絡ジャーナリストVS世紀のはみ出しヒーロー

『マイケル・ジャクソンの真実』日本テレビ
2003年4月

十年に一度のテレビ番組

凄い戦争だったねえ。一段落したけど。あ、イラクじゃなくて「マイケル・ジャクソン・ウォーズ」の話ね……。

ここ十年を振り返って、これほど興味深い番組があっただろうか？　『マイケル・ジャクソンの真実』（Living with Michael Jackson）。この英国グラナダテレビ制作のドキュメンタリーが日本に上陸すると決まって以来、オレの携帯は鳴りっぱなしだった。「マイケルやるよ」「連載で書くんでしょ？」「あ、ジャーメインだけど、反論番組も観ろよな」。

あなたが仮にミュージシャンとしてのマイケルに興味がないという理由だけでこの番組を見逃

していたとしたら、それはとんだまちがいを犯したことになる。現代のトリックスター・マイケルの真実を知ることは、すなわちわれわれ現代社会の真実を知ることなのだ。

故ダイアナ妃の不倫告白スクープで名を馳せたイギリス人記者マーティン・バシールが、マイケル・ジャクソンに二四〇日間密着取材。整形、児童虐待、契約結婚などの疑惑にメスを入れる衝撃的内容である。米国の四大ネットワーク間で争奪戦を巻き起こしたこの特番、日本では日本テレビが放映権を獲得した。福澤朗のナビゲーションで、放送枠は二時間ちょっと。

「ネバーランド」という名の広大なマイ遊園地で子供たちと戯れるマイケル、ラスベガスで数千万もする壺や大理石のチェスセットを大名買いしていく姿、少年時代に父親から受けた虐待の告白、テータム・オニールとの初エッチ失敗談……。片時も飽きさせず、それどころか番組終了に近づくのが惜しくて時計とブラウン管を交互に見やるほどだった。こんな経験は久しい。『朝まで生テレビ』の「オウムVS幸福の科学」(麻原彰晃、上祐史浩、影山民夫らオールスター出演。九一年・テレビ朝日)以来じゃないかなあ。まさに「十年に一度の番組」である。

ふつう、いくら素材がよくても包丁さばきが悪ければ最高の皿はできない。が、マイケルの密着取材はそれだけで十点満点の仕事量がある。つまり、マーティン・バシールがマイケルからカメラ取材の約束をとりつけた段階で、この番組の成功はみえていた。

『MJの真実』は、非常にわかりやすく、歯切れよく編集されたものだった。それも、「マイケル=悪」というドグマにおいて。バシールとグラナダテレビの取材意図、編集意図は一貫していた。

●マイケル、整形してるんでしょ。認めなよ。

●マイケル、児童虐待したんでしょ。認めなよ。

●マイケル、偽装結婚だったんでしょ。認めなよ。

こんな下衆の密着取材を受け入れた覚えはマイケルとてなかろう。『MJの真実』では意図的に放送されなかっただろう部分（バシールがマイケルをヨイショしているシーンなど）を、取材中フォローしておいたマイケル側のカメラ映像から引き出し、反論VTRとして公にすることになる。これを買ったのがフジテレビで、『裏切られたマイケル・ジャクソン』として小倉智昭、デーブ・スペクターの進行で後日放送された。簡単にこちらについてふれておくと、『MJの真実』を観ればじゅうぶん、目新しい映像もなく、反論内容もごく薄っぺらいものだった。「マイケル・ジャクソン・ウォーズ・イン・ジャパン」は、日テレの完全勝利に終わったといっていい。

バシール記者の目論見とは？

マイケルにかけられた数々の疑惑、その真実のゆくえが番組の見どころではある。が、オレはそれ以上にバシールの手腕に興味があった。有名記者の「イヤらしい見方」、いかほどのものかと。

結果は、「おそろしく凡庸」であった。ヒーローを引きずり下ろす役に徹するという姿勢と、それを編集テクを交えたとはいえ、かたちとして世に送り出したという意味ではほどよく仕事をこなしたと評価するが、それだけである。

「子供時代は黒人だったのに、大人になったら白人に見えるというひとがいるけど、それにはどう答える?」「世界は四四歳の男性がベッドで子供と寝ることを必要としているのかい?」。たしかに際どい質問である。が、この程度の取材対象との丁々発止は海外ドキュメンタリーでは珍しくない。つまり、素材としてのマイケルがズバ抜けているだけで、バシール側にはたいした思想背景もなければ、隠し玉(この番組だけの決定的証拠)のひとつももたなかったのである。バシールの思想背景は何だろうか。これには「主婦感覚」という回答でじゅうぶんだろう。

●整形はずっるーい。誰だってしたいのにぃ。

●(マイケルが、ネバーランドではごくふつうの「愛のこもった」風景とした)ベッドで子供と一緒に寝る行為=ずばり、セックスです。

●子供には母親が必要。契約結婚のマイケルの環境では三人の実子はろくな育ち方はしない。

ここでは、バシールが「あえて主婦感覚というスタンスを選んだ」かどうかはまったく問題ではない。なぜなら、あえて選ぼうが選ぶまいが、この主婦感覚によるマイケル攻撃の結果が何をもたらすかという答えは同じだからである。

バシールも一応、マイケル攻撃の結果は想定していたはずである。次にはあのマドンナへの取材申請をしていた男が、まさかジャーナリスト生命を投げうってまで児童の人権のためにマイケルに詰め寄ったわけはない。バシールの目論見は何か？　これはダイアナ取材の一件がヒントになる。

ダイアナは、バシールの望みどおり不倫をカミングアウトし、そのような機会へと導いてくれたインタビュアーに感謝の意を示したという。いかにもキリスト教圏らしい、贖罪願望に根ざしたエピソードである。この感謝の手紙を手に、バシールはマイケルの砦・ネバーランドに乗り込んだ。そう、バシールはマイケルにカミングアウトさせ、またまた感謝されようと、やっすーい算段をしていたのである。

児童虐待までカミングアウトするというのはどういう計算かオレにもよくわからないが、整形あたりに関してはサクッと話してくれるだろう、それくらいに考えていたのかもしれない。隠していたことを吐露すればスッキリするだろ、な？　みたいな。

この揺さぶりは、マイケルの牙城をわずかだが突き崩した。それまで一度も整形を認めたことのなかったマイケルが、二本の指を大きく広げ「トゥー」と、「(整形は鼻を) 二回だけだよ」と漏らしてしまったのである。バシールの功績はここに集約されるといっていい。

本当にイヤらしいインタビュー

ではオレがバシールの立場だったらどうか。むしろこのようなスタンスをとるだろう。

●整形っていいよね。やらないヤツはアホ。マイケル、やってる?
●マイケルの愛のチカラってすごい。添い寝するだけで癌が治っちゃうんだからね!
●きょーび代理母の件でグチグチ言うやつは時代遅れ。もち代理母だよね、マイケル?

マイケルという現代のトリックスターから、われわれの社会の先鋭的現代性を引き出す、これが生きたインタビューのあり方だろう。「整形=悪」「代理母=悪」という古い台所感覚からマイケルに告白を迫るのは時代錯誤である。同じ迫るにしても「整形=あたりまえ」「代理母=すばらしい」という角度から口を開かせるべきだった。

一番ジャーナリストとして飛びつくべきだったのが、マイケルとネバーランドで過ごしたことで小児癌が治った(!)という少年のエピソードである。これこそ科学的検証に値するジャーナルなテーマであり、また仮にウソならば、ネバーランドの存在意義にミソをつけるきっかけにもなったはず。あ、ちなみにオレは信じてるけどね、マイケルのディープな愛。マイケルと一緒にベッドで寝ると、ほんと救われるんだから……。

マイケル騒動が世界中に吹きすさぶなか、ブッシュがイラク攻撃を始めてしまった。まだまだ余韻に浸れたはずだったのに。偶然ではあるが、このブッシュとバシールは「アホ」としては超一流という意味で符合する。バシールは「マイケルがカミングアウトしなかったら自分はどうなるか」を想像せずにマイケル攻撃を行ったことで、いまやジャーナリスト生命の危機(マドンナに「バシールみたいなヤツはかならず泣きをみる」と袖にされ、世界中のマイケル親派からの反撃を受けて公の場にも出られない状態）に瀕している。これはまるで、「イラク攻撃が長引いた場合、また、仮に短期で終わったとしても、戦後のイラクやイスラム圏をどうコントロールするか」という難問になんの回答も用意せずにイラク攻撃を開始し、結果アメリカの立場（自己の政権）を危うくしたブッシュと瓜二つなんである。

人類の歴史に「不老不死」という風穴をあける可能性があるとすれば、それはまちがいなくマイケルである。ヘンテコな壺や棺桶を買う金があったら不老不死研究所でもつくったらいいのに。しかし、そのときもバシールはこう言うのだろうか。「自分だけ死なないなんてズルい！」。バシールのマイケル批判はどれも保守思想に根ざした凡庸なものだ。「僕は自分の息子がよそのひとのベッドに寝るのは絶対嫌だよ」。ここには「マイケル＝四四歳の大人」というまちがった解釈が前提されている。正解は、もちろん「マイケル＝ピーターパン」だ（ですよねっ）。「みんなベッドって言うとき、性的なことを考えるけど、そうじゃないんだ、子供たちをやさしく包んであげて、音楽をかけて、お話を読んであげたり、温かいミルクをあげたり、クッキーを食べたり。世界中でやるべきだよ」（マイケル）。オレもマイケルのベッドで寝てぇ。クッキー食べてぇ……。

一〇〇〇人ソープでひとり輝く方法
菅野美穂の女優営業術

『大奥』フジテレビ
2003年6月

どこがスーパーなのか？

「スーパー時代劇」。らしい。

フジテレビのこの手の企画は『陰陽師☆安倍晴明〜王都妖奇譚〜』『怪談百物語』に続いて第三弾。もともとは「陰陽師」人気にあやかって始まった時代劇の若年向け営業だと思うが、今回は本格的な連続ドラマになった。

「スーパー時代劇」と聞いて想起するのが「スーパー歌舞伎」である。アクロバチックな動きや現代的なテーマを取り込んでのけれん味たっぷりの演出をして「スーパー」の冠を頂いているわけだが、フジの「スーパー時代劇」も同様に、時代劇の枠を超えるようなエンタメ系の仕掛けをウリにしている。らしい。

今回の『大奥』では、『陰陽師』ほどの過剰な演出はないものの、やはり随所にヤング向けのカラーを打ち出している。そのひとつが菅野美穂の主演起用だろう。

みんなどう思う？　菅野さんのこと（ぶっちゃけトーク）。いや、このひとの役者としての位置づけというのは非常に微妙だと思うのである。天下のNHK朝ドラ・ヒロイン（九五年『走らんか！』）を務めたわりには全国区的な優良株感がない。同じ大奥に出演している池脇・『ほんまもん』・千鶴に比べるとその差は歴然である。これは、菅野の作品『走らんか！』が大コケしたこととは関係がない。演技の質の違いだろう。

池脇千鶴はまだ二〇歳だが、スケールの大きい「本格派」の芝居をする。これに対し、菅野美穂はクローズドな感じ、「自然派」に属する役者なのである。「自然派」というのはオレの勝手な分類だが、演技というものがはらむ過剰さがそぎ落とされていて、従来の芝居観からすれば物足りなく平板にみえてしまいそうな演技方法を指す。キムタクが「滑舌のよい芝居ゼリフ／日常生活の自然な言い回し」において『自然な言い回し』のほうを優先させることで「自然派俳優」として映る、という評価が菅野美穂にも当てはまる。これは菅野が先天的に滑舌が悪いのとは関係がない。滑舌をすこしでもよくしようという「芝居ゼリフ優先の努力」をしている痕跡が認められないからだ。

オレとしてはキムタク・菅野の先進的演技はその独自性においてプラス評価する立場だが、世間はそうはいかない。結果として下る審判が、「（役者としての）全国区的な優良株感のなさ」なのである。「全国区的な優良株感」とは、ＮＨＫの大好きな地方の人たち、じーちゃんばーちゃんたちが素直に「上手い」「魅力がある」と思える演技のことである。チャーザー村でキムタクの演技が「上手い」と思われていないのは想像に難くない。

池脇千鶴のリハウス的位相

菅野美穂の起用がなぜ「スーパー時代劇」のスーパーの部分を担うのか。見得を切ったり、しかつめらしいセリフ回しをするといった、いわゆる時代劇的な重厚感は、「本格派」の演技の延長上にある。時代劇のお約束的な演技を放棄したところに菅野美穂がいるという点において、彼女は「スーパー」なのだ。番組制作サイドが今回の『大奥』の主役に菅野をもってこれたのも「スーパー」という後ろ盾があったからこそである。

ドラマで菅野美穂をイビる役を務めるのが浅野ゆう子である。このひとの演技は「本格派をなぞってはいるものの、上手くない」という一番困ったケースである。しかし時代劇におけるイビり役は、上手かろうか下手かろうが「本格派」であればよい。そのほうが見慣れているし、わかりやすいからだ。この点において浅野ゆう子の起用はハズレではない。まあ浅野世代の自然派女優ってのはほとんどいないからハズしようもないだろうが。

薩摩から徳川将軍の元へ無理やり嫁がされた菅野は、浅野ゆう子率いる大奥軍団のなかで初め四面楚歌になる。田舎出をそしられ、厳しく都会の教育をほどこされる。そんななかで菅野が唯一心を開く相手が池脇千鶴である。

「ここのひとたちはみんな能面のような顔じゃ。心が見えん。じゃっと、そなたは違う」

町娘から大奥に憧れて女中に入ったばかりの池脇千鶴には裏表がない、菅野が池脇に心を許した理由だ。池脇千鶴演ずる「まる」は番組ではナレーションを兼ねる、物語の見届け役である。この「まる」の独白がまた注目すべきものだ。

「この町にリハウスしてきました。白鳥麗子です」

あれとまったく同じノリなのである(!)。単語をブツ切りに読み上げ、描くて淡々とした感じ。時代劇的重厚さとは正反対のナレーションだ。このへんは演出どおりなのだろうが、ドラマへの見事な定着は池脇千鶴の懐の深さによるところかもしれない。

構図化すればこうだ。大奥ではみんな能面を被っている。能面とはすなわち、演技のためにつける舞台用の面である。彼女たちはすべて「本格派」の演技を行う人々である。そこへ「自然派」の菅野が放り込まれた。みなが大奥独特の科白(芝居ゼリフ)を操る。菅野のスーパーリアルダメ滑舌だけが突出して映る。四面楚歌。大奥の新入り、リハウスしてきたばかりの池脇千鶴は能面を被っていない。菅野は池脇を拠りどころにする。「本格派」と「自然派」のパイプ役になった池脇は、物語のスーパー・ナレーターとして話を進めていく……。

スーパー不思議少女・菅野美穂。本当に不思議なのは、シノラーでもこずえ鈴でもなく、なんの脈絡もなくひとり「自然派女優」の看板を掲げて営業している菅野美穂である。彼女の演技をオレが「自然派」に分類していたのはかなり以前からだ。今回のドラマでしっかり確認作業を行ってみたわけだが、やはり自然派にはちがいない。「本格派の上手さ」はもちろんないし、目指しているようにもみえない。じゃあ「自然派の上手さ」（これをお茶の間が受けとめるまでにはあと十年はかかるだろうが）があるかといったら？　うーん、微妙である。もちろんたんに下手なだけの魔沙斗（インＴＢＳの昼ドラ）とは比べようもなくサマにはなっているが……。

フジテレビ「構成作家免許」剝奪事件

「王シュレット」を水に流す方法

『水10！ワンナイR&R』フジテレビ
2003年9月

お笑いのアリバイ

作家・筒井康隆の断筆宣言が九三年の九月。ちょうど断筆十周年に当たるこの年にまさかフジテレビが「断バラエティ宣言」することになろうとは。いや、まだしてないが、しないかなあ。八月一三日放送の『水10！ワンナイR&R』(フジテレビ)に「ジャパネットはかた」というコントコーナーがあった。そこで通販商品として紹介されたのが、ダイエー・王監督の顔を便器の中に沈め込んだ「王シュレット」。「王シュレット」という響きがそもそもダジャレとしてどうなのかという指摘もあろうかと思うが、実際のコントは輪をかけてレベルの低いものだった。

強烈な噴射力をもつ「王シュレット」に腰を掛ける雨上がり・宮迫。よくある芸人イジメコントであり、痛がるリアクションで笑おうというだけのもの。王監督の顔の上に宮迫のケツがかぶさるという屈辱的な絵が、ダイエー側の反発を呼んだ。

日本シリーズ放映権剝奪やフジテレビの株価下落にまで波及したこの騒動、あなたはどのようにみただろうか。「ダイエーは大人げない。お笑いに目くじらを立てるな」だろうか。それとも「フジテレビは配慮を欠いた。世界の王サンでは相手がマズい」だろうか。

私論を述べるにあたり、まずは「お笑いはすべてを取り込むことができる」というテーゼを立てておきたい。これはプロレスが立ち技から寝技まですべてを取り込むことができるのと同じであり、「だからプロレス最強」という言い方が可能なように「だからお笑い最強」と言うこともできる。オレがTVウォッチングにおいてお笑いを上位に位置づける理由のひとつでもあるが、問題はどう取り込んで血肉化しているかである。血肉化という言葉が難しければ〝アリバイ〟でもいい。お笑いが何かを取り込むにはアリバイが必要なのである。

松本人志が以前『ダウンタウンDX』（日本テレビ）で、JALのインスタントうどん「うどんですかい」について「ダジャレとしておかしい」という主旨のことを言っていた。的を射た発言だったが出演者の反応はいまひとつで、「え、なんでなんで？　おかしいやん」と松本が食い下がるような展開になっていた。「うどんですかい」は商品としては「うどん」そのものであり、「うどんですかい」（疑問形）になっているのはたしかにおかしい。JALだけにスカイという言葉を入れたかったわけだが、入れた結果が疑問形ではアリバイ不成立である。

同様のことが、「王シュレット」についてもいえる。「王シュレット」が笑いという地点に軟着陸できず、結果としてダイエー側の抗議を受けたのは、笑いに不可欠なアリバイが無かったためなのだ。

悪いのはフジ？　ダイエー？

「ウォシュレット」の「ウォ」と、「王」監督の「オウ」の音が似ていることは、「ですかい」と「ですかい」の音が似ているのとまったく同じ。これはまず一つ目の要件であり、掛詞としてのアリバイを満たすには、同時に二つ目の要件を満たす必要がある。「うどんですかい」のケースは、結果が「ですかい」と疑問形であったために「うどん」そのものを表象できなかった。では「王シュレット」はどうか。これは、王監督の表象が、ウォシュレットの表象とどう重なるかにかかってくる。

いうまでもなく、「ウォシュレット」と「王貞治監督」とは、表象においてはなんの関連もない。コントのなかの商品「王シュレット」はただ便器の中に王サンのデフォルメした顔を埋め込んだだけのシロモノなのである。口がちょうどノズルに位置しており、そこから水が出る仕掛けになっているが、「口から水を吹く」こととわれわれの知る「王監督」との関連性もこれまたゼロなのだ。

仮に王監督が、試合中抗議のためにベンチから口に水を溜めていって審判に吹きかけて退場、なんていう事件があったとして、その直後のコントならば、「ノズルから水が吹き出す」ことと「王監督」とは表象関係において符合する。この時点で「ウォ」と「王」、「水を吹く」と「審判に水を吹きかけた王監督」という二つの要件が満たされ、完璧にアリバイが成立する。おもしろいかどうかはべつとして、アリバイが成立さえしていれば、「お笑いはなんでも取り込める」という第一のテーゼに従って「真」となり、ダイエー側の抗議を受けることはなかった、仮に受けても「風刺コントである」という突っぱねも可能であった、ということになるだろう。

アリバイのない「王シュレット」が表象するものは、ただ「王サンを便器の中に沈めた」という行為そのものであり、「王サンの顔に宮迫がまたがった」という失礼さそのものである。つまり、今回の騒動をジャッジするならば、「王シュレットはお笑いと呼べるレベルにはない」、「お笑いではない王シュレットは、王サンや野球界を取り込むことはできない」「王・ダイエー側の抗議は正しい」ということになる。

「野球界と芸能界をいっしょにするからこういうことになるんだ」とは王監督のコメントである。この指摘は、今回の騒動に関しては正論と言わざるをえない。が、お笑いというジャンルに限っていえば、野球から通販に至るまで、すべてを取り込む可能性をもつ存在である。「野球界と芸能界をいっしょにする」ことができる武器、それがお笑いなのだ。この恐るべき破壊力をもつ武器を、構成作家が未熟な手で扱おうとしたために、今回の〝暴発事件〟は起こったのである。危険物取り扱い免許をもつ真っ当なスタッフが集まるまで、フジには断バラエティ宣言することをオススメしておこう。合掌――。

須田哲夫アナが今回の件を謝罪した当日の放送で、またもや事件は起こった。出産したばかりの母親（小池栄子）のところへ友達（山口智充）がやってきていきなり粉ミルクをぶちまけるというコントに、「赤ちゃんの命をつなぐミルクをお笑いのネタにするというモラルを欠いた行為」として粉ミルクメーカーが抗議したのである。ワンナイは後日再びテロップで謝罪するハメに。まあ王シュレット同様、このコントがしょーもないのは認めるが、続けざまの魔女狩りはどうかねえ。「赤ちゃんの命をつなぐ」から笑いのネタにしてはならないって、オレには百回読んでも理解できないのだが……。

いかりやは死んで何になる?

人は死んだら星になるなどと申しますが

2004年4月
いかりや長介死去

「いかりや＝ジャイアント馬場」説

一回は生で「オイーッス」と返してみたかった……。『全員集合』の関東以外の公演は十六年中たった二〇回。どうりで見に行けなかったわけだ。

訃報に接したのはテレビの臨時ニュースだった。昨年の癌での入退院は知っていたものの、まさかこんなに早く再発し亡くなってしまうとは。ドリフの笑いにもっともシンクロするのが子供だとすれば、ドリフ黄金期と少年時代が重なるオレはまさにドリフ世代。一ドリフファンとして、いかりや長介の死はショックであり、理解に手間取るものだった。

役者としてのいかりやとの接点は皆無である。『踊る大捜査線』とやらもついぞ観たことがない。だからいかりやが亡くなったことは、子供時代の記憶が突然ぶり返し、その記憶の主人公のひとりが亡くなるというちょっと奇妙な事態だった。

同じく子供時代に熱をあげたものにプロレスがある。新日の猪木がブームを起こすまえ、ジャイアント馬場率いる全日の最盛期である。「世界最強タッグ」と銘打たれた大会には、ファンクス、ブッチャー・シーク組、日本の馬場・鶴田が出場していた。当時のオレはマスカラスのファンで、馬場にはほとんど興味がなかった。その後、心のヒーローは猪木へと移り、格闘技好きは緩やかに続いていく。

一九九九年。テレビの臨時ニュースで馬場の死が伝えられた。慌てて知り合いの格闘技ライターに電話する。

「馬場さんが、馬場さんが……」

馬場のことなど十年以上気にしたこともなかったくせに、おかしなもんである。馬場の死がもたらした驚きや動揺は、やがて大きな喪失感にとってかわった。

いかりや長介の死に接して思い出したのは、この馬場が亡くなったときの感覚である。自分にとってここ十年ほども無関係と思われていた人物が、突然この世を去り、想像だにしなかった喪失感に襲われる。一番のアイドルが亡くなったのなら悲しくて当然だが、彼らはアイドルではなく、その傍らにいて、アイドルたちが暴れるのを受けとめる役回りだったのだ。リングの華はファンクスやブッチャーであり、舞台の華は志村、加藤である。子供が馬場やいかりやに心を奪われることはない。が、馬場の死もいかりやの死も、当時を知る者にとってはまるでボディブローのように効いたのである。

考えてみると、いかりやと馬場の類似点は多い。長身でひょろっとした体格。追悼特番の「もしも威勢のいい風呂屋があったら」というコントで見たいかりやの裸は、胸板が薄く、横に広い。まんま馬場なのである。

コントでのいかりやはツッコミ役である。母ちゃんに扮したいかりやは、箒《ほうき》の枝で息子であるブーの頭をペシッと叩く。「いい加減にしなさい」と。リング上では、馬場の十六文キックがこのツッコミの役割を果たしている。敵方がさんざん暴れたあと、満を持しての十六文。馬場の得意技は、猪木の卍固めや延髄斬りのような必殺技ではなかった。まさに笑いどころを示唆する「いい加減にしなさい」なのだ。

放送禁止になった志村の台詞

「人は死んだら星になるなどと申しますが、いかりやは死んで何になる?」

いかりやや長介の死は学校や職場、井戸端などさまざまな場所で話題になっただろう。そこで彼はどのように語られたか。「いかりや」とふつうに呼び捨てにした者もいたかもしれない。が、おそらく半数ほど、いやそれ以上が「長さん」と呼んだはずである。驚くべきは、われわれは生前彼のことを「長さん」と敬愛を込めて語ったことなどなかったという事実だ（！）。

「長さん、亡くなったね」

「昨日の追悼特番で観た長さん最高」

「チョーさん」といえば長嶋茂雄か、あるいはチョー・ヨンピルのはずである。なのに訃報が流れるやいなや、日本のそこかしこでチョーさん、チョーさんの連呼。そう、「いかりや」は死んで「長さん」になった、これが問いの答えである。

「馬場さんが…」と電話で口走ったときのサン付けは、オレにとってはデフォルトである。あらかじめサン付けを免れない人物として馬場はあった。これは「猪木さん」「長嶋さん」と同じ〝成句〟である。生前から「馬場」と呼び捨てにしていた者は訃報に接しても「馬場」であったろう。死の直後から突然「いかりや→長さん」と二階級特進したのは非常に稀なケースである。この不自然さは、今まで「猪木」と呼び捨てにしていた者が、死を境に突然「アントン」と呼ぶようなものだ。

　ではなぜ「いかりや」は「長さん」になったのか。誤解を恐れずに言えば、そもそも「いかりや」という言葉のなかに悪者のニュアンスが含まれていて、訃報直後の使用がはばかられたからである。

　ドリフのなかでいかりやは完全に悪役である。怖い母ちゃん、怒りっぽい教師、猛稽古を課す師範、鬼軍曹。つねに殴り専用メガホンを持つ「いかりや」は、志村や加藤、そこに感情移入するファンにとって反抗の対象であった。

「♪いかりやにっ、怒られたっ」

これはドリフ中期の加藤茶のギャグである。「いかりやに怒られた」というだけの日本語がギャグとして成立するには「いかりや」という言葉が何かを含んでいなければならない。ジャイアンが「のび太のくせに」と言うときの「のび太」のように。つまりドリフにおける「いかりや」は「なにかにつけて文句を言ってくる怖いおっさん」「突っつくととんでもないことが起こるパンドラの箱」的な意味合いをもつ。だからわれわれは、いかりやの訃報に接し、ふだんどおり「いかりや」というコント用語で呼ぶことができず「長さん」と言ってしまうのだ。

追悼特番のなかで、コント中の志村のセリフが一瞬無音になる場面があった。『巨人の星』などの古いアニメの放送禁止用語部分と同じ処理である。目の前に飛ぶハエを叩きつぶす瞬間、志村が叫んだその言葉は何だったのか。おわかりだろう。その夫婦コントにいかりやは出ていなかった。なんの前フリもなく、唐突に志村はその言葉を口にしながらハエをやっつけ、会場も爆笑していたのである。

「いかりや」という言葉が何かを含んでいるとすれば、それはいかりや長介がドリフのコワーいツッコミ役として「いかりやブランド」を確立していた証である。ならばわれわれドリフファンは、いかりや長介＝ドリフの四十年に敬意を表し、「長さん」ではなく、慣れ親しんだ「いかりや」という呼び名で彼のことを語ろうではないか。

明石家さんまを接待せよ

フジテレビ完全復活の予感

『お台場明石城』フジテレビ
2004年5月

往年のギョーカイ商法

一九九四年から二〇〇三年まで、日本テレビが年間視聴率三冠王を十年連続で獲得している。らしい。視聴率なんてもんを相手にするわけではないが、三冠王を獲っている局は、勢いや、社内の風通しのよさがはっきりと番組内容に現れてくる。

不祥事続きの『電波少年』を悠々と泳がせたり、社内での企画公募から『マネーの虎』のような番組を成立させていた王者・日テレ。みずから「日テレブランド」と言い出すまで増長していたこの局に、ついに陰りが出はじめた。フジテレビの逆襲である。

逆襲といっても、数字的にどうという話ではない。日々テレビをウォッチしているなかで、フジに日テレを凌駕する往年の勢いを感じはじめたのである。

『お台場明石城』。深夜枠にさんまを起用した、フジの勝負番組（断言）である。これがフジテレビ復活を予感させるにじゅうぶんな雰囲気をもっているのだ。

二〇〇四年春…東京では五つの勢力が城を構え、しのぎを削っていた。

汐留　ジャイアンツ城

赤坂　ピンコ城

六本木　久米城　改メ　古舘城

虎ノ門　ポケモン城

そして、四方を堀に囲まれた、ここお台場城に君臨するのは、

奈良から新しい城主を迎え、天下統一をもくろむ、お台場　明石城。

これはフジテレビHPの番組紹介である。各局を城に見立て、この番組・明石城を拠点に視聴率の攻防戦を挑んでいくという設定。具体的には、フジの若手社員が番組企画をさんまにプレゼン、首尾よくいけばゴールデンで枠をもてるというものだ。

この稿の執筆時までに二回の放送があった。さんまが得意のフリートークで居並ぶ十名ほどのフジ社員をいじり倒す。企画プレゼンもなにも、さんま&大岩賞介（放送作家）お得意のダラダ

ラトークが三〇分まるまる展開されるだけ。『踊る！ さんま御殿!!』（日本テレビ）でのタレントとのやりとりが、そのままフジ社員に変わったかっこうだ。

今後の放送で、具体的な番組企画の検討に進むのだろう。が、そんなことはどうでもいい。フジが、タレントではなく社員（素人）をキャスティングして番組をつくりはじめた、ここに『夕やけニャンニャン』（女子高生）、『オールナイトフジ』（女子大生）といったフジ全盛期の遺伝子を読みとるべきである。

さんま好みの幹部候補P探し

『オールナイトフジ』といえば港浩一氏（当時ディレクター）である。この港氏が、『お台場明石城』では社員のプレゼンを審査する三奉行の一人として出演している。もう一人の奉行には水口昌彦氏。彼もまた『夕やけニャンニャン』ADとして黄金期を経験し、『HEY! HEY! HEY!』プロデューサー時代にはせっせとブラウン管に登場していたフジ色の濃い人物である。

茶の間にも顔の知られるプロデューサーといえば、ひょうきん族の横澤彪氏（当時フジテレビ）、元祖出たがりの三宅恵介氏（フジテレビ）、『電波少年』のTプロデューサー（のちT部長）こと土屋敏男氏（日本テレビ）、あるいは『ガキの使いやあらへんで!!』の菅賢治氏（日本テレビ）くらいだろう。フジが目論んでいるのは、この『お台場明石城』から新たなる〝面割れ〟若手プロデューサーを誕生させることである。

つまり、この番組の見どころは企画のプレゼン内容ではない。プレゼン者自身のテレビ映り、タレント性なのだ。さんまにとっていじり甲斐のある人物、掛け合いで笑いを生みやすいキャラ、そういうタイプがクローズアップされていくにちがいない。

前身の番組（フジテレビ大反省会）のホストだったから当然ではあるが、フジが業界のトップに返り咲くかどうかを占うこの番組を、さんまが担当することになったという巡り合わせにはじゅうぶん注意しなければならない。フジはこれを機に、あわよくばさんまを自局の拘束名簿に入れようとしているのだ（！）。

いまさらと思うかもしれない。が、お笑いビッグスリーの一角を占めるさんまを局の子飼いとしてイメージさせることは、具体的な数字以上の効果を生む可能性がある。まさに局の「勢い」に関わってくるのだ。浜田雅功の取り込みに成功しつつあるようにみえるフジが、再びさんまと蜜月になれば、フジのお笑い・軽薄路線は完全復活する。

もう一度、前掲の番組紹介文を見てほしい。

「お台場城に君臨するのは、奈良から新しい城主を迎え、天下統一をもくろむ、お台場　明石城。」

たんなる物語設定ではない。さんまはたしかに城主としてフジに呼び戻された。さんま側からみれば、これは専属・複数年契約の提示にも等しい話だ。深夜ゆえ、手を抜いているようにみえる『お台場明石城』だが、さんまとしてもかなりの意気込みで臨んでいるはずである。

衰えを知らないさんまとの専属契約は、フジに好影響をもたらすだろう。港、水口両氏はさんまの接待に成功するのか。番組からさんまとウマの合うポスト三宅Pは生まれるのか。フジの黄金期は再来するのか。それもこれも、まだ誰も注目していない、このマイナーな深夜番組にかかっている。

一億総「監視カメラ」時代
あなたもテレビに映りませんか？

『TVのチカラ』テレビ朝日
2004年7月

「たかっちゃん」って誰？

マスメディアによるニュース報道のあり方を仮に二つに分けてみる。一つは「民意の反映」、そしてもう一つは「一般市民への啓蒙」である。ニュース番組制作において、前者は市井の空気を読み、市民の関心に沿ってさまざまなニュースの重要度を査定し、報道の優先順位、取材内容を決定する。また後者は、市民がまだ知らない、けれど重要度の高い、共有する価値があると思われるニュースを積極的に取りあげ、市民の関心を喚起することになる。

昨今のプロ野球に関するメディアの扱いをみていると、日本野球に対してメジャーリーグベースボールのプライオリティが上がりすぎているように思える。国民が松井秀喜やイチローに関心を示しているのは確かであり、その意味では世間の空気を読んだ編集方針ではあるが、はたして松井稼頭央や高津臣吾にまで興味は広がっているのだろうか。今のメジャー偏重報道は、まるでセ・リーグにおける巨人の順位よりも松井稼頭央の打率のほうが重要とでも言いたげなのである。『報道ステーション』（テレビ朝日）が流布しようとしている根も葉もない呼称、「たかっちゃん」。これはホワイトソックス高津に注目せよと、テレ朝が啓蒙のために用意したものだが、定着に完全に失敗している。視聴者との温度差が大きすぎたためだ。『報ステ』はいいかげんその事実を認め、「たかっちゃん」という小っ恥ずかしいネーミングを引っ込めてほしいところである。

長い前振りだが、本当に言いたかったことはこれである。

「米独立記念日恒例のホットドッグ早食い競争をなぜもっと取りあげない」（！）

フードファイトファンにはたまらないあのニュースに、日本のメディアはなぜ時間を割かないのか。年間四百はある松井稼の打席、そのとある内野ゴロ一打席を見せるくらいなら、年に一度しかない小林尊《たける》のホットドッグ丸飲みシーンを一秒でも多く映せというのである。こっちのほうが何倍もニュース性に富み、市民への啓蒙の必要すらあるというもんだ。今年も居並ぶ巨漢米国人の間で、小柄な小林尊が勇敢に戦い、十二分間で五三個半のホットドッグを平らげて見事勝利（四連覇）しているのである。ああ、見たかった、見たかった、見たかった……。

驚くべきことに、二位はあのジャイアント白田だったという。米国に乗り込んだ日本人二人がワンツーフィニッシュ。ニュース番組制作者よ、まともな判断力をもて。レンズをホットドッグに向けろ。

恐怖の「また来週」効果

報道メディアの抱える情報選択の恣意性、政治的判断、これをまるで逆手にとったような番組、それが今回取りあげる『TVのチカラ』である。タイトルからして「チカラ」の文字。小林尊を捨て、松井稼を選ぶメディアの見えざる暴政＝「チカラ」を、あえて積極的に標榜しているのである。番組内容は、公開による家出人、行方不明者捜し。従来の番組と著しく異なるのは、この番組が毎週放送されているという点だ（！）。

公開捜査番組の多くは特番として制作されてきた。行方不明者、あるいは指名手配犯などの顔写真を、電波を通じて日本中に届けることで一気の解決を目論むものである。福田和子の例を出すまでもなく、それは時として大きな成果を挙げてきた。

こうした公開捜査番組を、毎週欠かさず放送するとはいったいどういう事態か。お祭りが毎週あるようなもの、という比喩には当たらない。なぜなら、お祭りは誰もが楽しく待ち遠しいものだが、公開捜査はかならずしも万人にとって歓迎されるものではないからである。公開捜査番組を歓迎できない人。それは行方をくらましたい人々である。

毎週月曜、夜八時に自分の顔写真がテレビで流され放題。以前住んでいたアパートの隣人にその人となりを暴露され放題。元会社の同僚に勤務態度をチクられ放題。元恋人の留守電に吹き込んだメッセージ再生され放題……。さあ出てきてくださいと言われて、誰が出てこられるものか。こういうのを「ＴＶのチカラ」と言うのなら、世界中のテレビよ消えてなくなれ！　と、なんでオレもそんなにムキになって失踪者の立場にならなければいけないのかわからないが、ともかく恐ろしいのひとことである。

番組の煽り方がまたイヤらしい。進行役の高橋英樹が桃太郎侍よろしく眉毛を吊りあげて情報提供を呼びかける。梶原しげるが「ただいま放送中に入りました情報です！」とハイトーンで割り込む。残された家族のカメラへの呼びかけに束ちづるが涙する。毎週毎週イヤ〜な祭りを繰り広げるために、出演者全員がドーピングしているような、妙なエネルギー感でいっぱいなのだ。

公開捜査が、レギュラー番組として定まった曜日・時刻に放送される効果は大きい。特番の場合は、放送後に行方不明者がどうなったかは確認のしようもなく、視聴者の興味もその場限りである。が、毎週の放送態勢が確保されていれば、「先週番組で見たあの人にそっくり」という情報が、次週にはきっちり検証される。視聴者の功名心もくすぐられ、顔が似ていた、服装が似ていた、筆跡が似ていたと、さまざまな情報が番組に集まる。たまたま顔が似ていたというだけで周囲の誰かから通報され、番組に追跡されたケースも珍しくない。生放送中に舞い込む視聴者からの電話・メールによる目撃情報さえ（裏をとることもなく）即座に発表されてしまうのだから、まるで二四時間、市民が市民を監視しているようなものである。

ひとは死期の迫った猫のように、ひっそりと消えてなくなってはいけないのか。死んだつもりで別天地で人生をやり直してはいけないのか。ドロップアウト（家出、失踪）が許されるのが自由主義である。それを許さないのが社会主義、あるいは偏狭な民主主義だろう。社会を構成する個人はその社会の規定する幸福の範疇に身を置かねばならないという強迫観念。それはオレたち「不完全な人間」を苦しめる。『TVのチカラ』は、その圧倒的なお祭り報道によって、民主主義に潜む恐怖を逆説的に啓蒙する番組なのである。

週一ペースのお祭り騒ぎを続けるために、番組はさまざまな趣向を凝らしている。そのひとつが超能力捜査だ。とある放送では、超能力者が書き記した地図に驚くべき文字があった。「H_2O」。水である。森や小道の絵の中に、「H_2O」という文字が置かれていたのだ。取材班がそれらしき場所を捜索すると、そこにはたしかに池があった。しかしなぜ「pond」や「water」ではなく「H_2O」だったのか。化学式の状態で透視されなければならない理由は？　森や小道は映像として意識に生じているのに、なぜそこだけ「分子構造」が浮かんだのか。「Fe」「Mg」などの含有物や、ミジンコなどの雑多な炭素生物、水生植物がきれいに排除され、ミクロな水の分子「H_2O」だけが意識に映じる不条理。

それでもプロ野球を信じますか？
長嶋JAPAN教の最期

2004年9月
アテネ五輪野球

平和の祭典にプロが来た

アテネ五輪総集番組で、長嶋一茂がみずからのドーピング体験を語っていた（オイオイ）。それによると、ステロイドの使用によりベンチプレスの回数はあっという間に一〇回から一二回に増えたそうである。しかし、効果といってもそれくらいだと、身体に悪いからやめたほうがいいと……。ドーピングはよくないと言いたかったのだろうが逆効果である。へえ、そんなに御利益のあるものなのかと思い知らされた。

ベン・ジョンソンのドーピングが発覚したソウル五輪（八八年）直後、『朝まで生テレビ』（テレビ朝日）で大島渚がこんなことを言っていたのを思い出す。

「オリンピックがドーピング禁止なら、ドーピング選手ばかり集めて別の大会で世界記録を競ったらいいじゃないか」

健康被害の指摘されるドーピングに関して、これほど清々しく開き直った発言は、ついぞ聞いたことがない。人はどこまで速く走り、高く跳べるのか。この問いに対する答えが、かならずしもオリンピックにあるとはかぎらないし、オリンピックに求める必要もないのである。

ドーピング問題だけでなく、もはやオリンピック名物と認識されつつあるのが誤審である。オリンピックがアマチュアの祭典と呼ばれるのは、運営サイドもアマチュアで固められているからに他ならない。

今回のアテネ五輪、レスリング、柔道、体操もひどかったが、密かにヤケクソだったのが野球である。ふだんは別の仕事をしているような人たちが、ボランティアで審判を行っている。当然、米国や日本の職業アンパイアには及ばず、ボール、ストライクの判定もおぼつかない。こんなアマチュア運営の大会にプロが出ていって審判を受けるとはまさに本末転倒だ。

オリンピックがプロ選手の参加を解禁した時点で、オリンピック憲章も改めるべきだった。オリンピック精神とプロフェッショナリズムとのねじれの関係が、まさに野球という競技のなかに顕在化してしまったのである。アマチュアのための、参加することに意義がある平和の祭典に、勝ちを義務づけられたプロ野球選手が大挙して押し寄せた。さあ何が起こった？

ヘ・ッ・ス・ラの悲劇

オーストラリアとの準決勝。〇対一のまま九回の裏、日本最後の攻撃。先頭バッターは城島。なんと、いきなりのセーフティバント。結果はファウル……。ふだん敵チームのファンからすれば小憎らしいほど強打のダイエー城島が、プライドを投げ捨ててまで塁に出ようとしている。涙である。いや、感動ではない、ただ悲しいだけの涙である。今はあんなに小さく見える男に、わが愛するドラゴンズは日本シリーズでコテンパンにやっつけられたのか。城島三振のあと、出てきたのは中村ノリ。打った。サードへボテボテの当たり。走れ、走れ。タイミングはどうか。出たーヘッドスライディング！ しかし、間一髪アウト。涙である。ただ恥ずかしいだけの涙である。プロの選手が、駆け抜けるよりも遅くなるヘッスラを選択しての死。悪夢だ。オレはまちがえて高校野球にチャンネルを合わせてしまったのだろうか？

もはやツーダウン。谷に最後の望みを託す。打った。いい当たり。センターへ抜けるか。セカンド回り込む。タイミングは微妙。谷、懸命に走る、走る、走る……。祈り届かずゲームセット。金メダルはなくなった。一塁ベースの先で谷が転んでいる。なんとしても生きたかった、ギリギリの走塁。プロの選手が一塁を駆け抜けるという単純な動作のなかでバランスを失い、転倒した。涙である。いっさいの感動を含まない、ただ空しいだけの涙である。谷は足を痛めて歩けない。コーチにおんぶされ、グラウンドを後にする。これがオレたちのずっと見てきた、憧れていた日本のプロ野球選手の姿なのだろうか。

中畑ヘッドの誤算

負けた原因はいろいろある。国際大会に精通するアマ球界と、ふつうにやれば勝てるとふんでいたプロ球界との連携が不足し、オリンピック対策がとれていなかったというのが正しいかもしれない。が、何を言っても手遅れである。日本のプロ野球オールスターズが、米国では2Aあたりにランクされる選手を中心とするオーストラリアに一次リーグ戦を含め二度も負けた。その負け方も、セーフティバント、ヘッスラ、ねんざ走塁である。

注目すべきは、他国の選手にこのような必死丸出しのプレイは見られなかったことだ。つまり、日本チームはプロにもかかわらず、他国のアマ選手以上に一生懸命やっていたのである（！）。

「ひとつも恥じることなく、身体を張って、命を張って戦った」

帰国後の中畑ヘッドの言葉である。彼は気づいていない。われわれ野球ファンが、プロ野球選手のその必死さにむしろ目を覆いたくなっていたことを。まともな戦術、対戦相手の分析、準決勝からのトーナメントの戦い方、これらがあれば、べつにヘッスラもねんざ走塁もいらないのである。

サッカーファンが年齢制限のある五輪でのサッカー競技にさほど興味がないように、野球ファンも五輪野球には注目していなかった。プロアマ合同チームで四位に終わったシドニー大会とは違い、今回はオールプロ。アマ相手ならば楽勝だろう、その程度に思っていたのである。オーストラリアに負けて初めて、野球で金メダルを獲れなくなったことに気づき、驚き、慌て、落胆した。そして、そのプロ野球信者代表が、なんと中畑自身だったのである。

「予選を一位で通過すれば何かしら特典があると聞いていたのに、何もないんだよね」

準決勝、このオーストラリア戦で負けても最後には金メダルが獲れる、そう思っていたらしい。ソフトボールが採用している変則トーナメント「ページシステム」と勘違いしていたのか。いや、ただの勘違いではあるまい。われわれ野球ファンみなが金を信じて疑わなかった。こういうのを宗教というのかもしれない。

あなたはいわゆるリスナーですか?
ホリエモンのラジオ観は見事に的外れ

2005年3月
ライブドアVSフジテレビ

お笑い経済学

「人生いろいろをおかしいと思うほうがおかしい」

小泉純一郎最大の名言はこれだろう。子供の喧嘩で、相手が「世界一」と言ってきたらすかさず「宇宙一」と言い返す、あの図式だ。

お笑い渦巻く「政治」は、オレにとっておおいなる興味の対象である。が、ボケ・ツッコミのいっさいが存在しない「経済」にはまるで関心がわかずにいた。経団連会長など、経済人と呼ばれる人間からはついぞおもしろ発言を耳にしたことがない。

で、ライブドアとフジのニッポン放送株争奪戦。ようやく未開拓地である経済周辺で、興味のある話題が出てきた。今回の騒ぎを大きくしているのは、ニッポン放送がフジテレビの筆頭株主であり、ニッポン放送を牛耳ることがそのまま大メディアであるフジテレビへの影響力をもつことになることだ。

この、フジテレビとニッポン放送の「オレがアイツでアイツがオレで」状態は、いまひとつ理解しにくい。ニッポン放送はフジサンケイグループの一員。資本も従業員の数もフジテレビとは雲泥の差。先日の、社員一同によるライブドア拒絶声明のときに初めて知って驚いた。ニッポン放送には社員が二〇〇名程度しかいないのである。そんな小さな会社を乗っ取る乗っ取らないでこれほどの騒ぎになってしまうのか。

『報道ステーション』(テレビ朝日)でもトップで扱う気合いの入れよう。よくある切り口は、「あなたはホリエモン派？　日枝派？」。カネだけで買収ゲームを繰り返すライブドアか、メディアの伝統死守すべしのフジテレビか。しかし、この問いは事態を正しく表象してはいない。オレの視点はこうだ。

「あなたはインターネット派？　テレビ派？」

堀江はリスナー軽視か

インターネットとテレビ(ラジオ)の違いは何か。もっとも大きな点はインターネット＝双方向、テレビ（ラジオ）＝一方通行というメディア特性である。

ホリエモンの狙いがフジテレビへの影響力拡大なのかどうかは知らないが、まずはニッポン放送がどう扱われるかに注目しなければならない。「リスナーに対する愛情が感じられない」とニッポン放送サイドから批判された堀江の、ライブドアＨＰでの反論めいた発言を聞いてみよう。

「ニッポン放送さんでもブロードバンド放送やメールでリスナーから意見を取られたりしていますが、さらに工夫してもっともっとリスナーからの意見を番組に反映できるような仕掛けができていくんじゃないかと考えています」

なるほど、これがテレビ・ラジオとは違う、インターネットの流儀なのか。

いやいや、なるほどじゃなくて。ひとっつも中身ないじゃん。それどころか、この発言には致命的な勘違いがある。

「リスナー」の位置づけである。堀江はＩＴ時代の申し子らしく、「リスナー＝主」という考えで出発している。インタラクティブにラジオというメディアを運営していくつもりのようだ。そういう意味では、「堀江はリスナー軽視」というニッポン放送の指摘は正しくないのかもしれない。しかし、この「リスナー＝主」という堀江の考えこそとんでもない勘違いなのである。

守旧派ともいうべきニッポン放送のリスナー像は何か？　「客」である。堀江がリスナーを「主体」としてとらえようとしているのに対して、ニッポン放送は「客体」と位置づけている。客体とは、言い換えれば、「ありがたい放送を黙って聞いてろ」である。

ノー・モア・インタラクティブ

あえて挑発的な物言いになっているが、オレの考えはこのニッポン放送ほか、従来のメディアの考えに近い。メディアは情報提供のプロである。局には大量の情報が集まり、それを取捨選択し、一般へ提供している。情報とは、ニュースに始まり、流す音楽、パーソナリティの話す日本語、すべてである。高いところから低いところへ、水のように流れるのが情報伝達の基本形であり、リスナーがメディアの主になるなどという考えは妄想でしかない。

インタラクティブなどということが始まってからロクなことはない。古くはテレゴング（電話自動集計）、現在ならインターネット投票。視聴者の多数意見とやらをわざわざメディアで見せられる馬鹿らしさ。秀でた感性がないからこそ、取り立てた情報をもたないからこそウォッチャー&リスナー側に回っているのに、メディアのプロが素人におうかがいを立てる必要がどこにあるのか。繰り返そう。「ありがたい放送を黙って聞いてろ」。

調べものをしようとインターネットで検索をかけ、クリックしてみたら個人の日記だったりする徒労。インターネットほど石から玉を拾う手間のかかるメディアはない。

「あなたはインターネット派？　テレビ派？」

テレビ派に決まってるだろ。

最高のリスナーとは

ニッポン放送の「ホリエモンはリスナー軽視」という指摘は無効である。堀江はリスナーを軽視してはいない。少なくとも表向きは。もちろんニッポン放送も、営業的見地から「リスナーは神様です」と言ったにすぎないだろう。では、ラジオ局として、ニッポン放送はどうホリエモン批判を展開すればよかったのか。

「ライブドアはハガキ職人を軽視している」である。ハガキ職人は多数の素人から一歩秀で、かつメディアと素人との境界をわきまえつつ、メディアに憧れを抱く「市民の理想型」である。リスナーという凡庸な種族がハガキ職人を飛び越えてメディアの主体になろうなどとはけしからん、ライブドアにはそう言っておきたい。

ひとしくんのすーぱーぼでぃ
草野仁 六一歳特番

『レッスルコロシアム』日本テレビ
2005年4月

読者投稿欄で見た素顔

草野仁像。たしかにヘラクレスみたいな身体をしてるが、銅像の話じゃない。心証のほうである。

草野像を形成しているものといえば、第一に『世界ふしぎ発見』（TBS）。ついでお昼のワイドショー『ザ・ワイド』（日本テレビ）。あとは「東大卒」「元NHK」このあたりが履歴としてはよく流布されている。長いことテレビに出ているわりには身を持ち崩しておらず、どこまでもまじめな語り口は故・逸見政孝とも重なる。

ところが、レッスル。ところが、マッチョ解禁。スーツを脱ぎ捨てたひとしくん、青いレスリングシングレット姿も眩しいスーパーひとしくんに（！）。

そう、「解禁」なのである。われわれ草野マニア、もとい草野メ〜ィニヤの間では草野のマッチョイズムは基本中の基本。というより、草野を語るうえで欠くべからざるキーワードが「マッチョ」なのである。

マッチョとは、筋肉美を誇る男性のことであり、そのまま男性性の誇示を意味する。「草野仁とマッチョ」と言った場合は、あのスーツの上からもわかる物理的なマッチョさとともに、思想的マッチョについても注意しておかなければならない。

『ザ・ワイド』で時折みせる、怖い親父（父権主義）的発言。石破元防衛庁長官と話がはずんじゃいそうなタカ派思想。物腰柔かなれど、けっこうなマッチョ体質の持ち主である。

本当か嘘か、雑誌『噂の眞相』の読者欄にあった、生身の草野に接したひとのレポートが忘れられない。その投稿者は講演会を企画した人物で、駅だか空港だかに草野を迎えに行った。草野は到着するなり、出迎えの人間が少ないとか、お偉いさんが来てないとか、すごい剣幕で怒鳴りつけてきたという。

マッチョというより権威主義を思わせるエピソードである。もう一度断っておくが、これは投稿であり、真偽は定かではない。ただ個人的には「真」だと思うことにしている（コラコラ）。思い込んだ目線で『ザ・ワイド』を楽しむことが望ましい。

そんな草野がついにリアル・マッチョボディ解禁。なぜ、ここへきて？

「脱ぎ頃」の問題だろう。女性タレントにヌードの賞味期限があるように、マッチョマンにも筋肉の見せ頃がある。現在六一歳となってしまった草野にとって、自慢のバデーを世間に披露する最後のチャンスだったのかもしれない。

驚くべきは、草野のマッチョがテレビ向けの商品として立派に成立してしまっていることである。「草野のカラダ」だけで特番がひとつできてしまったのだ（！）。

マッチョついに解禁

『レッスルコロシアム　ザ芸能界！　最強格闘王者グランプリMAX』。今後も金メダルラッシュが期待される（女子）レスリング界という権益を求めて、日本テレビがレスリング協会にすり寄った。その結果できたのがこの〝レスリングのおもしろさを一般に伝えるための〟番組である。

格闘技経験者、あるいはスポーツ経験者として集められた芸能人は、ジョーダンズ三又、カンニング竹山、スピードワゴン井戸田、林家いっ平、ギャオス内藤、薬師寺保栄、マギー審司。このメンツで行ったトーナメントの勝者と、シードの草野が決勝を戦うという構成である。

おわかりだろう。番組のメインディッシュが最初から「草野の肉体」「草野のレスリング」になってしまっているのである。結果的にマギー審司が決勝へ進出、草野と対戦して完封負けしたが、誰が上がってきても同じことである。

「六一歳のマッチョTVキャスターが、芸能人レスリング大会のシード選手として決勝を戦う」

字面だとますますおかしいことになってくる。レスリング協会とのパイプづくりが真の目的とはいえ、局の看板キャスターを駆り出し、見事スーツを脱がせてしまったこの日テレの企画力。『電波少年』以来のスピード感あふれる（今回は視聴者を取り残した感さえある）番組づくりに脱帽である。

出番待ち、控え室の草野。柔軟体操をする草野。マッチョというよりハンプティダンプティな草野。試合が始まるやいなや、キャスターでは見せたことのないような険しさが顔に宿る草野。そして、実際に強かった草野。息も絶え絶えにインタビューに答える草野。草野メ〜ィニヤ垂涎の映像ばかりである。

二〇〇〇年度のマイベストプログラム『反町隆史が泣いた！　アフリカ最高峰・キリマンジャロに挑む』（フジテレビ）を思い出す。突然オンエアされた反町特番。そして反町の涙。あのときと同じ唐突さのなかに、草野のマッチョボディ解禁がある。

時をほぼ同じくして『草野☆キッド』（テレビ朝日）という深夜番組が始まった。浅草キッドによる草野仁いじくりバラエティである。ここでの草野は、臆面もなくまわしをつけて相撲をとったり、トラックをヒモで結わえて引っぱったりとマッチョプレイにいそしんでいる。もうカミングアウトの段階は過ぎ去ったのか。どこまでもマッチョに、肉体派キャスターとしての道を歩むつもりらしい。「スーツの下の隠されたマッチョ」という密かな味わいが消えたのは、旧来からの草野メ～イニヤにはさびしくもある。

特番『レッスルコロシアム』の放送が四月二日。『草野☆キッド』の放送開始が四月五日。オイシイ〝初脱ぎ〟の放映権は長年お世話になっている日本テレビさんに。そんな草野の律儀さをみて、ほほえましくも思うのであった。

真実はひとつだと思ってます
いまさら貴乃花論

2005年7月
花田家の確執

悲願の髪型、髪型の彼岸

若貴ブームである。いまさら。

二子山親方の死をきっかけにまたもや噴き出してきた若乃花(花田勝)と貴乃花(光司)の確執。勝氏の相続放棄宣言で沈静化するかと思いきや、延焼は一向におさまる気配がない。一連の騒動を報ずるニュース番組のなかで、辛口コメントで知られる二宮清純は、「二子山親方の遺産のうち、行方不明といわれる年寄り株の所在だけは明らかにされるべき」ともっともらしいことを言っていた。スポーツジャーナリストという肩書きが言わせているだけのことであり、誰も年寄り株なんかに関心はない。みんなが興味津々なのは、テレビに映る貴乃花が、いったい何に操られてあのような行動をとっているかだ。

「あのような行動」とは、第一に「パーマ」であり、第二にどこで教わったんだと言いたくなるような「しゃべり」である。

高校野球のときからウォッチングしていた選手がプロ野球へ入った。気になるのは、彼がどこまで大人の世界で通用するか。といっても野球の技術ではない。五厘刈りから解放され、自分の裁量に任された「初めての髪型」が、どこまで世間に受け入れられるかである。

中学、高校と、思春期に好きなおしゃれをさせてもらえなかった彼らの内側に秘めていた理想の髪型。まるであらかじめ決定されていた遺伝子の働きのように、積年の髪型への憧憬が一気に開花する瞬間。ここで道を誤るとそこにはとんでもない髪型人生が待ち受けている。

そのまちがった髪型人生を送ってしまったひとりが松井秀喜である。大人になって髪型デビューした人間はあれこれいじってみるわけにもいかず、かといっていまさら誰からもダメ出しなどされず、まちがった髪型がそのまま保持されてしまう。誰か教えてやってほしい。松井に分け目は必要ないと。

細かいことをいえば、松井の「初めての髪型」はパンチパーマ（おかんパーマ）だった。が、ほどなく今の髪型になり、その後はずっと「九〇年代シティボーイ風」のままだ（※この後、松井の髪型は第三期に移行し二〇〇八年現在に至る。問題だったあからさまな分け目は消え、ベストの髪型と評価したい）。

さて、貴乃花はなぜあのような大きめロッドのソフトリーゼントなのか。答えは、「貴花田」時代に憧れていた髪型があれだったのである。入門当時といえば八七年前後。この頃、あるいはそれ以前に流行っていた髪型界のナンバーワン・アイドルがあの手のソフトリーゼントなのである。「シブがき隊」から「光ＧＥＮＪＩ」へ至るジャニタレの基本形である。光司クンは、今ようやく当時の男性アイドルをトレースしているところなのだ。思っ春期〜。

横綱としてのしゃべり

「しゃべり」がおかしくなったのはいつからだろう。まだあの特異性に気づいていない者がいたなら、あなたはもう一度貴乃花のトークにしっかりと耳を傾けるべきである。わざとテープの回転数を落としたような、一言ひとこと絞り出していくあの独特の話術は、いまやオレの数あるモノマネ芸のなかでも十八番となっているくらいである。

ここで、われわれのなかの「貴乃花のしゃべり」の原体験を振り返ってみる必要がある。すると記憶のなかの貴乃花は、少年時代のお宝映像を除けば、かなり以前からあのノロノロトークをしているのだ。

「え〜、宮沢りえさんに対する〜、愛情がぁ、無くなりましたのでぇ……」

九三年の婚約解消記者会見である。二〇歳五カ月で大関になり、さらには最年少横綱記録さえも塗り替えようとしていた貴乃花（当時は貴ノ花）。中学卒業と同時にお相撲さんになってしまった彼は、外でのトークによる折衝の機会はもちろん、会社で電話を取ることさえなく大人になった。そんな彼が自分自身で考えた横綱トーク、親方トーク、それがあの催眠術師のごとき、重厚なしゃべりだったのである。

「真実は、ひとつだと思ってます」

ニュース番組にみずから出演し、若乃花を揶揄したときのセリフである。死ぬまでにこんなレトリックが口から飛び出す人間がいったい何人いるだろうか。オレも言ってみたいもんである。

「なんなの？　ポケットに入ってたこの角の丸い名刺は！」

「真実は、ひとつだと思ってます」

若派か、貴派か。この選択肢は今、日本人のあり方を分けるリトマス紙のひとつになりつつある。

「男は黙って」式の古い美徳からは若乃花が支持され（騒動について彼はまだひとこともしゃべっていない）、「正々堂々」を是とする面々からは貴乃花が支持されている。

としてみたものの、花田家の親族のほとんどが若派であるように、おそらく世間の大半が若派ではないのか。むしろ貴乃花＆景子夫人だけが孤立しているようにみえる。

そろそろ中学生の間で「貴る」という動詞が生まれてくる予感がする。意味はたぶん「口がすべる」か「四面楚歌になる」だろう。あ、「激ヤセする」の可能性もあるな。

細木数子はあと何人地獄に落とすのか？

芸能界の議席数と名簿順位

『ズバリ言うわよ！』TBS　2005年10月

細木が四時間もつワケ

テレビ業界に「プライムタイム」という言葉がある。もっとも視聴率の高い一九時から二三時までの時間帯を指す。視聴率競争の中核をなすこのプライムタイムを、細木数子特番『いつもよりズバリ言うわよ！』（TBS）が四時間まるごとブチ抜いてしまった。

「たけしの」「さんまの」という冠でさえ、プライムタイムまるごとというのは記憶にない。恐るべきは、この細木スペシャルが「メジャータレントの冠＋その他大勢のタレント＋企画」（たとえば『たけしの平成教育委員会』）でなく、ほとんど細木の独りしゃべりで成立している点である。

九月の四時間スペシャルは、「女子高生一〇〇人」「男子高生一〇〇人」「現役教師五〇人」との対決という三部構成。「教育」や「人生」について、生意気盛りの子供、教育の専門家である教師たち計二五〇人と、細木センセーがたった一人で闘っていた。

四時間も細木数子ひとりにつきあっていると、いやでも細木哲学や細木流のカウンセリング術なるものがみえてくる。細木のバックには「六星占術」が存在し、その口から漏れる言葉はすべてご神託の様相を帯びるが、要は人生経験豊富な七十歳間近のおば（あ）ちゃんの訓辞。その内容は驚くほど保守的だ。

しばしば強調されるのは性差である。

「女には女の生き方、喜びがある」

ならまだしも、とある回の放送では、「霊的ステージにおいては男のほうが上」とはっきり断言（！）してしまっていた。女性は男性の庇護を受けるべき存在として「家政」をよく修めるべし、というのが女子高生へのアドバイスだったりする。いま田嶋陽子や日本女性学会がもっとも危険とみなしてそうな人物、それが細木センセーだろう。

ただよくよく聞いていると、細木哲学には民主主義への懐疑などイヤらし〜い部分も多い。興味深かったのが次のセリフである。

「日本国家の民族は明治維新以来腐ってんのよ」

第二次大戦後、米国占領下の日本の変節を論じるのでなく、明治維新まで遡ってやり直せというのはひとつの見識である。

と大上段に振りかぶったと思えば、都合の悪い議論になるとあっさり「答えない」（「わからない」ではない）。その鮮やかなスウェイテクにも細木が四時間の長丁場に堪えうる秘密が隠されている。

独り勝ちのメカニズム

おさるの芸名をモンキッキーに変えてしまったり、「ハッスル」よりも流行る新キャッチフレーズを小川直也に頼まれたり、もはや占い師の範疇を超えて芸能界のドンにまで登り詰めてしまった細木数子。なぜ彼女は独り勝ちできたのか？

芸能界には座席数というものが決まっている。あ、知ってた？　放送時間、チャンネル数が一定だとすると、必然的に出演者数＝座席数も決まってくるんである。折々の旬で、料理人が脚光を浴びたり弁護士がタレント化したりと政党間での確保議席数に若干の変動はあるが、全体の議席数は不変なのだ。

細木数子は占い師としてマスコミに登場した。占い師・霊能者の比例区における議席数がいくつなのかは知らないが、宜保愛子を失って久しい現在、確実なのは占い師・霊能者の名簿順位においておいて細木数子が一位になっているということである。いま各局が一番欲しい占い師・霊能者が細木数子なのだ。

同様に「毒舌のおばさん」という確固たる議席がバラエティには存在する。ちょっとまえにサッチーこと野村沙知代が占め、デヴィ夫人が引き継いだ議席である。この名簿順位一位にも細木数子が躍り出てしまった。

さらに「芸能界のご意見番」。この議席にはながらく和田アキ子が座っており、なぜかデヴィ夫人も上位に絡んでいたりするが、いまや芸能界のご神託も細木先生が一手に請け負うようになってきた。

野村沙知代から「野村監督夫人」の肩書きが取れたように、もはや「六星占術」というエクスキュースなど彼女には必要ない。一般人と話すとき自分のことを「先生」と呼び、とある女子高生の身体をシャクティパットよろしくポンポンと叩いて「邪気をとってあげ」るまでになった細木数子(これじゃ占い師じゃなく霊能者だ)。この勢いなら何にでもなれそうである。

コイツがいるからアイツはいらないの図。細木が四時間ブチ抜くことで議席を失いかけている人たちが確かにいる。一人で何議席分食いつぶしていくのか、これからも密かに指を折っていこう。

メダルを獲れないのか、獲らないのか
それは、国家の品格に関わる問題とさせていただきます

2006年3月
トリノ五輪

スポーツと国家戦略

一一三人もの選手団を送りこんでおきながら、荒川静香の金メダル一つに終わったトリノ五輪。韓国、中国がそれぞれ十一個のメダルを獲得していたことも合わせると侘びしさもひとしおである。小泉政権への「逆風四点セット」に今回の「スポーツ失政」を加え「五点セット」として追及する必要すらありそうだ。

前回、夏のアテネ五輪はメダル三七個の大躍進をみせた。これを、二〇〇一年から稼動を始めた国立スポーツ科学センター（ＪＩＳＳ）の成果とみる向きがある。が、こうしたスポーツ支援施設も先進諸国のなかでみればようやくできたにすぎない。

ＪＩＳＳ効果はなぜ冬のスポーツにまで及ばなかったのか。たんに、水泳用の施設はあったがスキー・スケート関連までは用意されていなかったというのも答えのひとつだろう。ＪＩＳＳの中にはシンクロ用プールや「ボート／カヌー実験場」、フェンシング練習場まであるのに、スケートリンクはないのである。もちろん施設だけでなく、強化プログラムや資金援助など、国のバックアップできる部分は大きい。韓国のショートトラック（スケート）のメダル連発などは国家戦略が実を結んだ例だろう。

「メダルを獲れ」という視座においては、まずＪＩＳＳにスケートリンクを設置せよと声をあげるべきだし、国家主導のプロジェクトをブチあげさせるべきだろう。しかし、一歩引いてみれば、「なぜメダルを獲る必要があるのか」という根本的な疑念も浮かぶ。正確に言えばこうだ。「なぜ〈オリンピック種目の〉メダルを獲る必要があるのか」。

お家芸とは何か

夏のメダルよりも冬のメダルが少ない大きな理由がある。それは「柔道がないから」。冬のオリンピックには柔道・水泳のような日本のお家芸がない。札幌五輪で金銀銅を独占したスキージャンプもお家芸といえばそうかもしれないが、スキー競技そのものはヨーロッパで発祥したものであり、人気も歴史も違う。ここでいうお家芸という概念はもうすこし狭い。日本国内の競技人口が世界各国と比して多く、人気や歴史があり、一般にも広く根づいているスポーツのことである。言い換えれば、ほっといてもそこそこ強く、日本として最初からアドバンテージの見込める競技のことだ。

さっき掲げた〈オリンピック種目の〉という部分のカラクリがここにある。そもそもオリンピック種目とは、五輪発祥の地・ギリシャを中心とするヨーロッパで繁栄しているとされるスポーツなのである。ことオリンピックに関してはアメリカは政治の中心にいない。アメリカのスポーツ文化は独自の発展を遂げ、それぞれが強力なコンテンツ（放映プログラム）として存在する。いまさら五輪に対してＭＬＢ（野球）、ＮＢＡ（バスケット）、ＮＦＬ（アイスホッケー）が本腰を入れる必要もない。

五輪においては、ヨーロッパで繁栄するスポーツだけが「正統」とされているのだ。日本で人気のある野球やソフトボールが再び正式種目から外れることになったのも、むろんヨーロッパというふるいに落とされたからにすぎない。これだけでも日本は二つのメダルの可能性を失ったことになる。

〈オリンピック種目の〉メダルを獲るとはどういうことか。それは、ヨーロッパが「正統」とし、ルール策定においても政治力を発揮しつづける種目に対し、頭を下げて参加させてもらい、そちらさんの基準で評価していただくということなのである。

それでもやはりメダルが欲しい。だったら躍起になって獲りにいけばいい。それだけのことだ。

しかし、けっきょくは「獲らされ」なのだということをわれわれ極東の民族は肝に銘じておく必要がある。トリノオリンピックでメダルが獲れなくても、ドイツやオーストリアのヨーロッパ諸国より少なくても、恥じることはない。中国や韓国は、西欧のなかに積極的に入っていき、郷に従うことでメダルを分けてもらっているだけのことなのだから。

『国家の品格』（新潮社）のなかで藤原正彦は、産業革命が「ヨーロッパに起きてしまった」ことが悪夢の始まりであったと言っている。「もしも私の愛する日本が世界を征服していたら、今ごろ世界中の子供たちが泣きながら日本語を勉強していたはず」だと。

もし産業革命が日本〜アジアで起こっていたなら……。相撲、空手、剣道、セパタクロー、カバディがオリンピック（名称は「世界体育大会」）の正式種目になっているのはもちろん、背が低い者ほど長いスキー板がはけるというルール下においてわが日の丸飛行隊が表彰台を独占していただろうに。

ぐだぐだぐだぐだリンカーン

全員でスベッてボケる芸人ギルドの確立

『リンカーン』TBS 2006年10月

『内P』との決定的な差異

冠番組をもっているようなビッグなお笑い芸人だらけ。大上段に振りかぶっただけで何も示してはいない番組タイトル。なにかすごいことが起きるのではないかという期待感で『リンカーン』を観はじめ、一年が経つ。

出演者のすべてが芸人である。外部からのいじり、ツッコミがないのだ。「クイック大喜利」や「ボケタイムショック」では、出演者の誰もがボケを要求され、またツッコミや採点役も務める。まさに『リンカーン』の名のとおり〝民主主義〟が貫かれている。番組外の世界ではダウンタウンは芸人として別格だが、この民主国家のなかでは松本も浜田も一住人にすぎない。そのことの確認が「フレンドリーダウンタウン」（後輩芸人に、ダウンタウンへのタメ口を強制するコーナー）であり、「浜田との壁を取り除こう」（浜田に対して、キスか顔面パイ投げの二者択一を迫られる）であったりする。

同じように芸人が集結してボケを競う番組に『内村プロデュース』（テレビ朝日）がある。『内P』はタイトルが示すように内村光良を支配者とした独裁国家だ。ＴＩＭやふかわりょうといった奴隷たちのボケを、サングラスの権力者が気まぐれに「正解」としていく（もっとも、正解が笑いの量と比例しているわけではない。気まぐれの象徴として正解が存在するだけである）。ここでは被支配者たちはつねに正解を目指し、争い合うことになる。誰もが等しくボケ、等しく突っ込み突っ込まれる可能性のある『リンカーン』とは決定的に場の空気が違ってくる。

浜田のフリを拾え

ネタ、構成はなく「場の空気」。これが『リンカーン』最大の見どころといっていい。ふだんはピンで番組をもっていたりするタレントも、ここでは国民の一員となり、その声があらかじめ力をもつことはない。一瞬にして場の空気をさらうことでこの民衆たちのトップに立つ可能性もあれば、また逆にこっぴどい村八分に遭うこともある。そのミクロにしてダイナミックな瞬間が見逃せない。

巨大ところてんを作る回では、まず浜田が孤立する。早く仕事を終わらせたい浜田と、ところてん作りにのんびりといそしむその他全員という構図だ。これは段取り済みの台本であり、「場の空気」ではない。しかし、ここで浜田がどう怒りだし、みながどう受けとめて切り返すかは不確定であり、プロ芸人たちの瞬時のアドリブにかかってくる。浜田の怒り（前フリ）は松本に耳打ちされた。官房長官・松本は、二十人もいるメンバーにどう伝えるのか。みなが松本の言葉に耳を澄ます。

「浜田が……ちょっと怒ってる」

考えた末、そのまんまである。ボケどころかさしたる「流れ」もつくれていない。苦しい雰囲気を宮迫がつなごうとする。

「（怒るとは）サブいですね」

ただの前フリに「サブい」と平板な形容を浴びせてしまった。横パスでは笑いにはほど遠いぞ宮迫サンよォ。早く落としどころをみつけろと、苦々しい顔であたりを見回す浜田。松本がたいしたプランもなく言葉をさぐる。

「相方のオレから謝るけど……作業のほう再開ということで。ごめんなさい」

真顔で頭を下げる松本に、宮迫は血相を変え、

「兄さんは全然悪くないですよ！」

と、周りも空気を察知、「松本さんは悪くない！」

乗り遅れるなと、居合わせたすべての者が松本に頭を下げ出す。
「逆にすみません！」（大きな流れ）
輪になって謝り合う二十人の登場人物たち。一人だけのけ者になった浜田はその白々しい光景に背を向けて、
「最悪や……」（オチ）
イヤらしくもぐだぐだである。どう転ぶかわからない状況で、誰が流れをつくり、オチへもっていくのか。登場芸人が多く、誰もが起点となり終点となれるだけに、「オチへのコンセンサス」「場においてベストなオチ」への距離感と設計図が問われてくる。「前フリ失敗」「感じるプレイ」「プチすべり」「オチの変節」……出演芸人でもないのに展開が頭を駆けめぐって息が抜けない。

ぐだぐだ進化論

このような「場の空気」のスリルは、あくまでもミクロな話であり、全体としてこの『リンカーン』はぐだぐだ感を楽しむものとなっている。毛色の違う芸人が集まることの意義やお笑い哲学はいっさい感じさせない。あえて言うなら、「国家として番組内民主主義をどこまで浸透させることができるか」が最大の関心事なのだろう。みながたった一つのボケに向かって右往左往する。誰かが派手にボケたり、あるいは無惨にスベったとしても、それは個人というより番組全体のボ

ケであり、スベりである。それが民主主義的な手法に基づく『リンカーン』のぐだぐだな笑いなのだ。

始まって一年になるが、まだまだ芸人が三々五々集まってきてやっている感は拭えない。しかし、目論見どおりダウンタウンと中堅芸人、さらには次長課長、おぎやはぎ、品川庄司ら若手との間に垣根がなくなり、お笑いの自由交易が可能になれば、今よりとてつもないもの（とてつもないグダグダ）になる可能性がある。そのときこの『リンカーン』は、一テレビ番組というより「お笑い芸人ギルド」として機能しはじめるかもしれない。

オシム監督に勝つ方法
必殺語録人の隠された弱点

オシム日本代表監督
2006年12月

「語録人」タイプ分析

積み重ねた発言がいつしか「語録」として編纂されちゃうひとってのがいる。彼らは、自分でギターを抱えて「僕の魂の叫び、聞いてください…」と道行くひとを呼び止めたわけでもなければ、原稿をしたためて出版社に売り込んだわけでもない。周囲の者がみるにみかねて「語録」というかたちにまとめてしまったんである。

試みに「語録人」になってしまったひとをタイプ分けしてみよう。

●「私は何も知らないが、知っているとも思わない」のソクラテスタイプ。知（智）において傑出していて、凡人が範としたりヒントにできる言葉が多い。同様に釈迦、キリスト。
●「人生いろいろ、会社もいろいろ」の小泉純一郎タイプ。恐れずひるまずとらわれずの精神から発した思い切りのいい言葉が、世間の（国語的）常識に風穴を開ける。ちなみに語録の飛び出さなさそうな安倍総理は、国会で消費税アップについて質問され「逃げず、逃げ込まず」と回答。これって二回繰り返す意味あんの？　なんか意味がよくわからないし、わかりかねる。
●「私も今日初めて還暦を迎えました」の長嶋茂雄タイプ。天心爛漫ゆえのおとぼけ発言。「こんにちは。長嶋しげるです」にまでなると他人にはマネができない。同様のタイプには「パンがないならケーキを食べれば～？」のマリー・アントワネットがいる。
●「オレはカート・コバーンの生まれ変わり」の押尾学タイプ。トンデモ発言で世間を楽しませるエンタメ系。若さほとばしる感性のインプロビゼーション。芸能界に多くみられ、古くは「ゴクミ語録」（後藤久美子）がある。
●「僕は死にましぇーん。あだたがぁ、好きだかだぁ」の武田鉄也タイプ。ってドラマだけど。ドラマの語録も現実社会の語録に大きく影響を与えているというプチ考察。

というわけで、本題のオシム監督である。彼はスポーツ記者の質問に鋭く突っ込み返したり、諺を引用した独特の言い回しで知られる旬の語録人だ。『オシムの言葉』という本もつとに出版され、川淵会長がサッカー日本代表監督を選考する際に読み、決め手にもなったという。

「人間は他人を尊重できるという面でロバよりは優れている」「古い井戸があるのに新しい井戸を掘る必要はない」「走りすぎても死ぬことはない」

これはオシムの言葉としてよく知られているものである。文学的であったり、人を食ったようであったり、さすがは語録人といったところだが、このひとはかつて数学者であったらしく、妙に論理学的というか、ときに禅問答風でさえある。

「なぜ点を取れなかったかというと、ゴールキーパーとディフェンダーがいたから」「水はコップが割れるまでは入っている」「限界には、限界がない」

オシム発言を貫くもの、そのバックボーンはなんなのか。彼は先の語録人の分類でどこに属するのだろうか？　その答えを私・モリッシィが逃げず、逃げ込まずに答えます。

記者はなぜ敗れるのか？

オシム監督が語録人として世に名を馳せているワケ。それはおじいちゃんだから。せっかくなので語録風に言い直そう。

「オシムは、おじいちゃんである。彼はどんな記者よりも年上であり、運の悪いことに、どんな記者よりも身体が大きい」

オシム監督の発言が含蓄と示唆に富み、レトリックとしてもおもしろい、ということに異論はない。が、あの悪ふざけともいえるレベルにある発言がすべて許され、まじめな質問子をタジタジにしてしまうのは、ただ、ただ、彼が尊敬すべき年上のおじいちゃんだからである。

想像してほしい。オシムが監督としてはまだ若い四五歳で、たまたま小柄な体格であったとしたなら。そんな監督に向けて「今日の連携プレイはどうでしたか？」と質問し、返ってきたセリフが次のようなものだったら、あなたは黙って聞き流せるだろうか。

「私もいまだに妻との連携には満足がいきません」（本当にあった悪ふざけな話）

いいなあ、おじいちゃんはなんでも許されて。ほんと、「私の頭は散髪に行くためだけにあるんじゃないよ」とか、おじいちゃんにしか言えないって。答えはあんたのさじ加減ひとつっていうか、お年寄りだけにシワ加減ひとつっていうか……。オレも早く年取ってボケまくりてぇ。

オシム語録のなかでオレが一番好きなのは、「人生で学んだのは、いいときはいいということ」。これは時を経てきたおじいちゃんならではの、軽そうで重い、あたりまえのようでいてわざわざ口にすることのない言葉だ。で、タイトルになっている「オシムに勝つ方法」。もうおわかりだろう。オシムよりも年上のおじいちゃんインタビュアーを連れてくることである。おじいちゃんカメラマンとおじいちゃん記者、足して百五十歳コンビでオシムさん六五歳のとこに取材に行けば、彼も今までのペースでは自分トークを展開できないはず。そんなもんだって～。

オーラの泉はいつ枯れるのか？
長寿番組になるための給水テクニック

2007年1月
『オーラの泉』テレビ朝日

江原を困らせた男

夜な夜なひそかに進行しつつある日本スピリチュアル化計画。この波にわれわれは抗うことができるのか。いっそ飲み込まれたほうが心地よいか……。こんにちは。スピリチュアル・TVウォッチャーのモリッシィです。今回の原稿はエクリチュール・オートマティーク（ペンを持った霊のいたずら）でお送りしています。

いま一番キテる番組、『オーラの泉』。いや、「キテる」なんてもんじゃないな。今後もこの番組はさらに影響力を広げ、芸能界、テレビ界、さらには社会全体を飲み込んでいくだろう（断言）。

二〇〇五年四月にレギュラー放送が始まって、一年半ほどが過ぎた。夜十一時台の放送のため、一般への認知度はそれほどでもないのかもしれない（※二〇〇七年四月より夜八時台に進出）。しかし、一度でもこの番組を観たら最後、あなたもオーラの世界の虜になってしまうにちがいない。いろんな意味で。

『オーラの泉』は「定番」としての雰囲気でいっぱいである。一回の放送に一人のゲスト。冒頭に簡単な質疑応答（スピリチュアル・チェック）があり、その後、国分太一、美輪明宏、江原啓之と合わせて四人でのトークが展開される。山場は江原によるオーラ＆前世分析。ところどころ、美輪や江原の発言がメールの着信音のような「シャリリ〜ン」というSEとともに美しくテロップ化される。使われるフォントはにょろっとした癒し系の「金文体」。矢島正明（矢追純一UFOシリーズ）の抑制の効いたナレーションも心地いい。一時間のスピリチュアル・カウンセリングを終えたゲストの表情は、いつもスッキリしている（女性ゲストの半分は涙）。

トーク番組だから、ゲストがいるかぎり続いていく。だが、スピリチュアル・カウンセリングとなるとやはり相手を選ぶ。大槻教授やホリエモンなどの唯物論者、唯金論者はもちろん、「涙」や「諭され」の似合わないチョイ悪タレントがキャスティングされることはない。

一度、何をまちがったのか俳優の奥田瑛二が出てしまったことがある。番組にスポイルされないよう奥田のとった作戦が「本当にあったスピリチュアルな話、江原比二〇〇％」。向こう（江原）が仕掛けてくるまえにさっさとスピリチュアル・トークを展開してしまったのである。題して「オレは魔物と寝た」……（きゃはっ）。

奥田の回は江原もそうとうやりにくそうだったが、あくまで例外であり、齋藤孝（『声に出して読みたい日本語』著者）であろうと三谷幸喜であろうと、場をよくわきまえてしっかりオーラの世界に絡めとられていくのであった。

『徹子の部屋』への道

第一回ゲストの及川光博に始まり、芸能界を中心に、スポーツ界、文化人なども巻き込みつつ、オーラの枠を広げてきた。番組を大きくしていく戦略として、和田アキ子の登場（第二二、二三回）はむしろ早すぎた感があるが、今後も順調にサプライズゲストが登場してくるだろう。「流行語大賞」の授賞式にノコノコでかけていったくらいだから、うっかり小泉純一郎が出るようなことがあるかもしれない。

冒頭でこの番組の増長を予言したが、オレは『オーラの泉』が、あの長寿番組『徹子の部屋』的な存在になる予感さえしている。同じテレビ朝日だけに、「裏・徹子の部屋」といった感じか。しかし、『徹子の部屋』になるには「一見絡みづらい相手」をゲストに招くといった懐の深さも必要だろう。

この世には「〇〇が『徹子の部屋』に出るのか！」というサプライズ数式が存在する。たとえば「南海キャンディーズ」のように、『徹子の部屋』に出るキャラじゃないだろおまえは、とツッコミたくなるようなゲストの回がたまにあるのだ。画家や登山家、オペラ歌手など、なんだかよく知らない重厚そうな人が地味ぃ〜なトークを展開したり、芸能人にしてもそこそこ語るにたる人生を背負ったひとが出るのが『徹子の部屋』である。そこに「南海キャンディーズ」がやってきて、渋いセットの中で徹子とサシでネタ見せをする。どうしたって異様な空気になる。また、徹子にとって不案内なスポーツ選手がゲストだったりするとその化学反応たるやすさまじい。「なんで監督はホームランのサインを出さないの?」とかいった〝宇宙語〟がポンポン飛び出してくるのだ。だから『徹子の部屋』はやめられない。

『オーラの泉』もまた「ゲスト×スピリチュアルホスト(美輪&江原)」という数式をすでに確立し、視聴者に何かを期待させるところまできている。「○○が『オーラの泉』に出るのか!」と。これまでに出演した「スピリチュアルレスラー」の前田日明、「スピリチュアル子沢山」の堀ちえみ、「スピリチュアルスケベ」の沢村一樹、「スピリチュアル魂」の松岡修造あたりは、むしろ番組との絡みがよすぎる。絡みづらい相手もうまく取り入れながら、『徹子の部屋』のように傍若無人に強大化していくことが、定番長寿化の唯一にして最大のハードルだろう。

この番組を観終わるといつも満ち足りた感じがする(軽いスピリチュアル嘘)。円環というか、なんか完全に閉じた、調和しきった世界にいる気がするんである。なぜか? それは、二人のスピリチュアルホスト(美輪&江原)の間にまったく価値観の相違がないからだ。価値観だけならまだしも、ゲストに相対して見えちゃったもの、前世などの霊視までがまったく同じなのである。

そもそもスピリチュアルアーティストが番組に二人も出てる時点で両雄並び立たずの原則を破っているわけだが、それがけっしてほころびにつながらない不思議さ。この異様なまでの予定調和感は慣れるとクセになる。怖いですね〜スピリチュアルの世界は。

で、スピリチュアルって何？

第3章 2007.2–2008.9

これで放送を終わらせていただきます。

◉〝超〟視聴者の登場

第3章は、これまでの二つの章とは大きく様相を変える。
メディアが外部を消し去っていく姿をただ黙ってみていた、
あるいは荷担させられていた受け手が、ついにこの物語の主役に躍り出る。

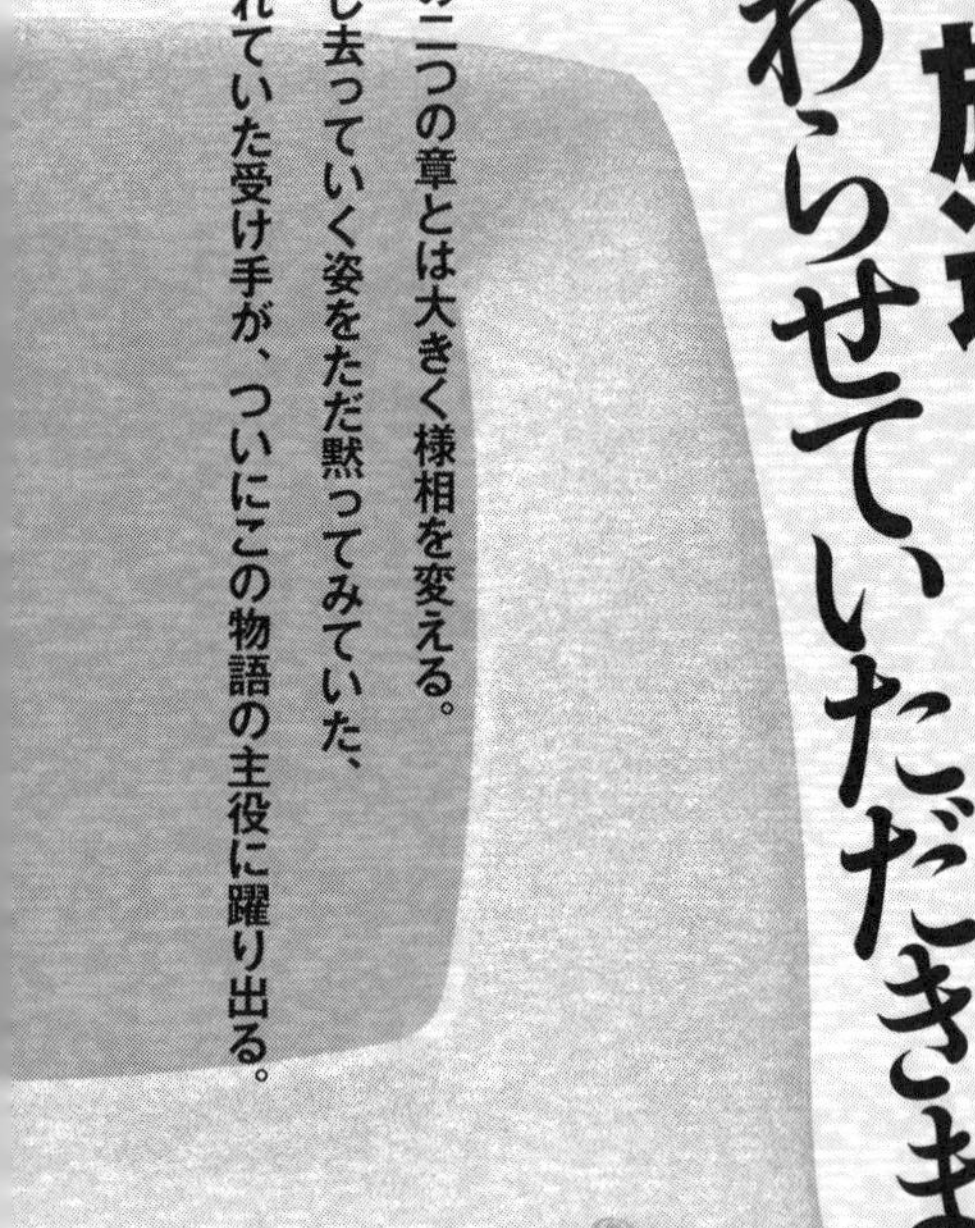

インターネット環境の進化が、それまでの一回的かつ一方的なテレビ放送、

〝かならず成就するラブレター〟の配達を終わらせるのだ。

都合のいい視聴者などもうどこにもいない。

テレビを分断する「YouTube」の手法を、さらに上書きしようとする「ニコニコ動画」。

二〇〇七年一月に始まるこのサービスに、
放送メディアが自家薬籠中のものとなっていくイメージをみないわけにはいかない。

権力を手中に収める個々人はまた、たがいの架橋《サイバーカスケード》を容易かつ迅速にし、
全体としてひとつの生命体のように機能しはじめる。
あるときにそれはマス・ヒステリーとなり、目につくものを片端から排除する。
テレビという懐かしいメディアに残るものは何なのか。
否、そこにあるのは、はたしてテレビなのか。
われわれは、今日もそれを観つづける。

今でも「あるある会員」ですが何か？

メディア・リテラシー不要論

『発掘！あるある大事典Ⅱ』関西テレビ

2007年2月

苦情電話に苦情を言う

ヒロミさえいればこんなことにはならなかったのに。今回の捏造事件は全国の「あるある会員」だったウチのお袋もそうとうショックだったようだよ……。

いまや「あるある」の四文字を口にすれば『発掘！あるある大事典』（関西テレビ）のことであったりするほどエスタブリッシュされた番組だった。「あるある」という言葉はそもそも、お笑いの「あるあるネタ」のように誰もが思い当たるフシがある状態のことを指していたはずである。番組では、まだ知られてない情報や最新の科学データ、つまり世間に「ない」ものが「ある」ことにされ、さらには共通認識としての「あるある」にまで祭り上げられていた。おまけに一時間の放送枠の間に「大事典」として編纂（キメゼリフは「〜と心得よ」）されてしまう自己完結ぶりは、異常だったというほかない。

『あるある』に潜むキナ臭さは以前から指摘されていた。「納豆ダイエット」の回（二〇〇七年一月七日）でたまたまやりすぎ、バレてしまっただけである。公になった経緯は、『週刊朝日』のスクープ取材によって事態を知った局サイドの、突然の自首（＝スクープつぶし。表向きは「内部調査による発覚」）だというのだから公共の器が聞いてあきれる。まあそれよりもあきれたのは、捏造発覚から六日間に系列局に寄せられた一万件という苦情の数だ。

メディア・リテラシーとかいう言葉を使うのもアホらしい。一九九七年、この連載第一回の冒頭の言葉を、苦情電話をかけた人々にあらためて贈っておきたい。

「たかがテレビ、（されどではなく）たかがテレビ」。

テレビでやってることをこっちが換骨奪胎してせいぜい「利用」してやろうというのがこのコラムの変わらないポリシーである。「テレビってこんなもんかと思われるのがつらい」とは捏造事件にふれた古舘伊知郎の弁だが、相手が『あるある大事典』であろうと『報道ステーション』（テレビ朝日）だろうと、そもそもテレビのやることに目くじらを立てる必要はない。テレビが報道の精度を高めようとするのは営業努力としてけっこうだが、われわれウォッチャーサイドはそれとは無関係に「テレビといかにまじめに向き合わないか」という立場を一貫して進めてゆくべきだろう。

コンプライアンスのゆくえ

談合、耐震偽装、ライブドア、不二家と、このところ明るみになっていく企業の暗部は、すべて「コンプライアンス」意識の欠如と結びつけて語られている。関西テレビによる「あるある大事件」もそのひとつとしてファイルされるだろう。

が、これらを暗部の内側から照射してみるなら、「これまでは許された」「バレなければいい。みんなやっている」「たまたま槍玉に挙げられた」といった社会全体の抱えるいい加減さが浮かび上がるだけである。事件を機にみなが襟を正し、またほとぼりが冷めれば怠り、事件が起き、反省をし……そうして人間、社会はコンプライアンスの意識や法の整備をより厳密にしていく。善かれ悪しかれ、世界はつねに進歩し、同時に先細っていくわけである。

今に始まったことではないとはいえ、『あるある大事典』の一瞬の消滅に接し、テレビ放送をスクラップ&ビルドしてる側としても一抹の不安を感じずにはいられない。スクラップする対象が最初からスクラップ同然では困るのだ。『あるある大事典』のなんちゃって手法が使えないとなると、テレビ制作者はどうやっておもしろい番組をつくればいいのか。『あるある』はおもしろかった。何がって、データ取りのいい加減さ、仮説と定説のすりかえ、はしょり、勝手な結びつけ、ありえない結論、すべてのテキ&トーな番組制作テクニックそのものが観察（暇つぶし）

に値したのである。

テレビというメディアの特性を抜きに、リテラシーや企業コンプライアンスの問題を語るのは意味がない。テレビは活字メディア以上に「捏造したがりっこ」（電波媒体のフロー性、消費スピード）であり、また世間からの苦情に「弱腰」（スポンサー）である。活字メディアのように腰を落ち着け、自己責任でモノを言う感性はそなえにくい存在なのだ。だからこそ「たかがテレビ」であり、また格好のサンプリング対象なのである。

「実験はあくまでも参考であり、実際の効果を示すものではありません」。『あるある大事典』が法令遵守のためにエクスキュースとして使っていた常套句である。九七年の『ポケモン』パカパカ事件（光過敏性発作の誘発）以来、アニメ番組の冒頭に「部屋を明るくして――」のテロップが加わったのと同じように、「あるある大事件」後のバラエティは先回りテロップの嵐になるかもしれない。

「イメージです」「個人差があります」「タネも仕掛けもあります」「ただいまの笑い声はSEです」「スタッフの家族がおいしくいただきました」「着ぐるみです。中にはバイトのオッサンが入っています」「実際の口の中では革命は起こっていません。あくまで彦摩呂の芸風なのでご了承ください」……。

Loversになれなかった夜

一社提供番組に今夜も村八分にされた

『Music Lovers』日本テレビ
2007年4月

赤坂に煽られて

Loversのみんな、ごきげんよう。

と言われてもねえ……。まだ特別注目されてもおらず、定着もしていないだろう音楽番組『Music Lovers』（日本テレビ）が、まあ勝手なことに他人様を「Lovers」呼ばわりしているんである。早い話「ファン」のことらしいのだが、「Loversの間で絶大な支持を受けているナンバー」とか聞いたふうなテロップを出されるとムズ痒いことこのうえない。

「グディヴニーンラヴァーズ！」とキャップを被っていない赤坂泰彦に英語でうながされ、番組が始まる。キャップを被ってるならまだしも。たまたまチャンネルを合わせてしまったためにうっかりLoversの一員にされてしまい、架空のライブハウスの中に放り込まれる。収録スタジオでスタンディングでライブを鑑賞している連中は、どうやって仕込んでいるかわからないが一見ガチのファンたちだ。彼らはステージ上の〝教祖〟に潤んだまなざしを送り、手拍子や歓声で盛りあげる。「Guest Lovers」と呼ばれる芸能人枠が一人ないしは二人用意され、彼らも一般のファンに混ざり突っ立ってライブを楽しむ。ゲストは本当に以前からのファンの場合もあるし、ただの番宣絡みでLoversに仕立て上げられる場合もある。

異様な熱気のなか、架空のライブは滞りなく進んでいく。三〇分間、一人のミュージシャンをLovers総出で接待しまくり、自称「スペシャル」な夜は更ける。最高のひとときを過ごせたのは、第一にステージ上のミュージシャン、ついでスタジオ観覧組、それからテレビの前のコアなファン。コブクロやミスチルのファンでもないオレたちの、異様な蚊帳の外感はなんだ。

この図式、初めてではない。かつての『おしゃれカンケイ』（日本テレビ）である。観覧席を五十人ほどのファンが埋め尽くし、古舘伊知郎とゲストの間で展開されるトークを過剰なリアクションで盛りあげる。どんなちっぽけなことにも「わあ」「へえ」と通販番組よろしく合いの手を入れ、質問子に選ばれたときはなぜだかゲストにとってオイシくなるような質問だけをくりだす。最後の「16小節のLOVE SONG」のコーナーで心温まるエピソードが披露されるまで、三〇分まるっとすべてゲストサイドからお見通し。ほとんどパブリシティ番組である。「スタジオ観覧者の仕込み」や「台本」なんてもんはどんな番組でもある。が、それがたった一人のゲストのため、しかも好感度マイナス因子ゼロとなると予定調和がすぎて気持ち悪い。古舘もよく接待役に甘んじていたものである。

そこに他者はいるのか?

『Music Lovers』や『おしゃれカンケイ』はなぜこんなにまで気持ち悪いことになったのか。これにははっきりとした答えがある。「一社提供」である。

『Music Lovers』はKDDI、『おしゃれカンケイ』は資生堂がまるごと買い取った枠なのである。一社提供ともなるとあらゆる点で私物化が可能になる。『Music Lovers』では番組ナビゲーターの赤坂がまるで生CMのようにそのままauの新機種の説明役としても登場し、明ければまた番組に戻る。こういう自分勝手な空気がそのまま番組内容にも表れてくるのだ。複数社の提供ならば、番組制作においてもそれぞれの提供主の思惑を満たさねばならない。が、一社ならばコンセンサスがあっという間にとれてしまう。結果として『Music Lovers』のような突出した内省的視点ゼロの接待番組が生み出されてしまうのである。

同じように、日産の一社提供で完全におかしくなっていたのが『New Design Paradise』(フジテレビ)であり、後継の『アイデアの鍵貸します』である。番組内に「なぜならこの番組は、車のデザインに力を入れている日産自動車の提供だからに他ならない」というお寒い台詞を入れてしまっていた前者。そして、各界のクリエイターの発想術を紹介していくなかでついには番組の構成作家本人（小山薫堂）が登場してしまった後者。このゆるい、誰にも咎められなさそうだからやっちゃえ的感覚は一社提供の賜物である。番組が視聴者＝他者のほうではなく、スポンサーや現場のほうを向いたまま自己完結してしまっているのだ。

『発掘！あるある大事典』（関西テレビ）の暴走も、花王の一社提供であったことと無関係ではない。制作サイドとスポンサー、たがいの目論見の相関において、突出した制作上の「カスタマイズ」が行われ、それが一定の評価（視聴率、宣伝効果）を得れば、そのまま野放しにされる可能性が高い。『あるある』が複数社提供だったなら制作者もあれほど捏造に手慣れることはなかったはずである。

『Music Lovers』とＫＤＤＩはミュージシャンを、『おしゃれカンケイ』と資生堂は芸能人をそれぞれ過剰接待することで視聴率と宣伝効果を得ようとした。利害の一致が無闇なカスタマイズを生むならば、今度はどんなスポンサーがどんな番組と結託していびつな番組をつくりあげるのか。いま観てみたいのは、「ドン・キホーテ」の一社提供番組だな。

人にはそれぞれ事情がある

レ軍・松坂大輔と僧侶・保阪尚希の意外な共通点

メジャーリーガー・松坂大輔　2007年5月

「保阪出家」は事件か

保阪尚希が仏門に入った。らしい。坊さんになったんである。といっても、晩年に出家したポール牧みたく、頭をすっかりと丸めてしまったわけではない。修行し成長したあとに、子供たちの相談役になりたいという。なるほど、そのために最低限「袈裟」というコスプレが必要だったのか。

上祐史浩だってフッサフサだし、「僧侶＝ハゲてろ」というわけでもない。が、少なくとも「俳優・保阪尚希が出家した」という芸能ニュースの衝撃度は、頭を剃ったか剃ってないかによって推し量られるべきものである。結果として「剃っていない」とすると、出家表明から実際に熊本の真言宗の寺で得度を受けるまで、一連のマスコミ報道の意味ってなんなんだろうか。

ずいぶんまえに、劇団ひとりが無節操のままでは本当の恋はできないと「禁欲宣言」をしている。そのまま一年だか禁欲しつづけてる、とかなんとか……。まあそんなはずはない。テキトーにヤっちゃってるんだろうし、ヤってたからといってどうってことはない。願掛けも勝手なら、願掛け破りも勝手である。

「保阪出家」のニュースは、「劇団禁欲」とまったく同じである。「さほど意味がない」という意味の四字熟語なのである。それに比べたら「正蔵脱税」や「キンキンギンギン」（愛川欣也の浮気疑惑）のほうが実質的ニュース性はよっぽど高い。

おっと、あくまで世間における「実質的ニュース性」の話であり、オレ個人としては、いま挙げた四つの成句のうち「保阪出家」に一番強い興味をもっている。この保阪という男の内面はテレビというフィルターを通してさえ観る価値のあるものであり、石田純一に続くマイ・ウォッチング・リスト「イッケメン編」のなかに位置づけてきた。なにしろ細木数子に対決姿勢をみせた唯一の漢なのだ（レーザーラモンHGもいたか）。離婚後ますますマッチョになっていく「尚キング」、僧侶としての活躍に期待は膨らむばかりである。

本筋に戻ろう。「保阪出家」の実質的（世間的）意味のなさ。それはあくまで保阪の内面に起こっているミクロな事件であり、個の人生の葛藤とその救済の物語でしかない。極めて少数の、保阪の内面に興味をもつ者だけがテイスティングすることのできる狭隘《きょうあい》なニュースである。

以上を踏まえ、問いたい。松坂大輔の渡米とその後のメジャーリーグでの活躍。このニュース性をあなたはどう査定するか。

個人旅行としての「松坂渡米」

なんだか西武ファンの小倉智昭がはしゃいじゃって『とくダネ！』（フジテレビ）をほったらかしてボストンにまで飛んでいる。もちろん番組のレポートには小倉本人が登場し、「松坂ＶＳイチロー」の生の興奮を語った。フジテレビに限らず、どこもかしこも松坂の米国での勇姿を伝えるのにかなりの時間と労力を割いている。長年メジャーリーガーへの細やかな報道対応をしてきたＮＨＫも、当然トップニュースで松坂の初登板の模様を伝えた。スポーツ枠ではなく、総合ニュースのトップである。

こうしたマスコミの上を下への大騒ぎに対し、苦言を呈した者もわずかにだがいる。尾身財務大臣は、ＮＨＫが伝えるべきニュースは他にもあるだろうと偏重を問題にした。また徳光和夫は「日本で頑張っている選手が好きだから」とそっけない態度をとっている。おもしろかったのがＣＳで放送中の『プロ野球ニュース』（フジテレビ739）。松坂初登板の日本時間午前三時を間近に控えた放送で、番組キャスターの谷沢健一・関根潤三が異口同音に「（試合は）観ない」「寝る」。ニヤニヤしながら語った谷沢と関根の本意はわからないが、松坂偏重ムードを漂わせなかった数少ない番組であった。

さて、オレの査定である。「松坂渡米」、これは「保阪出家」とまったく同義の四字熟語であり、特別に時間を割いて報道する意味も価値もない。なぜなら松坂の渡米、メジャーへの挑戦は、たんに松坂個人の内面の充足の問題にすぎないからである（！）。

保阪の出家が個人的な出来事に尽きていたように、松坂の渡米は本人の夢（あくまで「目標」という言葉を使っているが）の実現にすぎない。松坂は小学校の卒業式で、「女子アナと結婚するぞ」じゃない「一〇〇億円プレーヤーになるぞ」と高らかに宣言しているのだ。「一〇〇億円プレーヤー」は日本プロ野球ではなくメジャーでこそ実現できる夢であり、そのスケールの大きな夢を叶えに松坂は海の向こうへ渡ったのである。

もちろん松坂の夢は金だけに終始するものではないだろう。野球発祥の地で本場の空気を味わいたいとか、日本代表として世界で活躍したいとか、さまざまな感情が合わさっての渡米なのかもしれない。が、それでも答えは同じである。すべては松坂の心の充足の問題にすぎないのだ。日本のプロ野球を見捨てた（徳光）とかいった問題とはそもそも関係がない。なぜなら、メジャーベースボールはけして日本プロ野球の上に位置するものではないからである。第一回WBC優勝国の日本から、すこし野球の下手クソな米国にカネと個人的名声を得に行っただけの話である。

ずっとメジャー志向をもちながら、夢の叶っていない男がいる。巨人・上原だ。例年交渉するも、フロントががんとして首を縦に振らない。まだ若いうちに球団からリリースされた松坂や井川はツイていた。上原がその内面を充足できていないことについては、野球ファンとしてではなく、人間として同情する。

僧侶になった保阪クン、まずは上原の心の叫びでも聞いてあげたらいかがだろう。

亀田が八時四五分に敵を倒さねばならない理由

視聴率四二%男の孤独

2007年6月
亀田興毅

「勝て」という脅迫

「勝つ、勝つ、勝つ」

今春、巨人を支援する財界人の集まる燦燦《さんさん》会で、長嶋サンの口から飛び出した言葉である。低迷の続く現在の巨人軍に、栄光のV9時代を築いた男が授けたのはいたってシンプルな標語だった。

スポーツに勝ち負けはつきものである。勝者の数だけ敗者がいる。「勝つ」の三連呼でハッパをかけられた原監督はきっと震えあがったことだろう。勝利を義務づけられるのはけっこうツライ。

ただ野球は年間一四〇試合ある。六〇敗しても八〇勝すればいい。実際のところ「勝つ、負ける、勝つ」でいいのだ。

「負けたら次はない」――亀田興毅と父・史郎氏は彼らのボクシング人生をそのように考えている。亀田家の哲学が初めからそうだったのか、TBSによる大キャンペーンに飲み込まれてしまった結果なのか。過去のボクシング王者が不敗神話というプロモーション戦術を常としていたこととも関係あろう。いずれにせよ勝つことを義務づけられた度でいえば、今の亀田三兄弟は巨人の比ではない。

記者会見で対戦相手を挑発し、CMが乱れ打たれ、朝青龍、星野仙一、明石家さんままでリングサイドに座らせて、ぶざまな試合はできない。三階級制覇という長編シナリオも、一度のつまずきですべて泡となる。TBSの株価にまで影響を与えそうな試合を、一戦一戦、亀田興毅はすべて「勝利」しなければならないのである。

もう一度、「スポーツに勝ち負けはつきもの」という言葉を参照したい。この「スポーツ」の前に「プロ」とつくと、とたんに様相が変わってくる。プロである以上「負け」がつきものでは困るのだ。「勝つことを義務づけられた度」が高ければ高いほど、「プロ」のしがらみのなかにいることになる。

亀田家は、つねに騒動のど真ん中にいる。ランダエタとのWBAライトフライ級タイトルマッチ（〇六年八月）はジャッジの不可解さが物議を醸した。ボクシングにおけるホームタウンディシジョンとは？　レフェリーの選定は誰が行い、報酬はどこから出ているのか？　ランダエタは力を出し切っていたか？　興毅は本当に強いのか？……

平均視聴率四二％を稼いだ世紀のタイトル戦。もとよりリング外での言葉遣いや態度を好かない者は、翌日からいっせいにバッシングを始めた。だがオレが注目したいのは、亀田の本当の強さとか、八百長のあるなしとか、そんなことではない。まだ十九歳（当時）の少年の、その二つの拳に課せられた、おそるべき「勝つことを義務づけられた度」である。

眼は二億六千万、戦うはただ独り

一連のバッシングの大きさは、そのまま「プロのしがらみ」の大きさであり、「勝つことを義務づけられた度」の大きさである。「しがらみ論」から読み取るべきは、表面的な「勝ち負け」「試合結果」ではない。そもそも結果じたい、どこからか降って湧いたり、それ自身で存在するものではなく、人々が欲し、意図的にそこに質量を与え、認識のもとに置こうとすることによって初めて存在させられるものである。つまり「しがらみ」も、結果として目に映る「勝ち負け」も、すべては人間の群れの動線によってかたちづくられているのだ。リング上の亀田興毅の、その褐色の肌を浮かび上がらせているスポットライトの一つひとつは、テレビを光源とした、われわれの眼球の微弱な反射光の束である。ボクシングだけしかしてこなかったひとりの少年がそうしてそこに立っていることは、彼にとって幸運であるとしても、われわれにとっては必然、あるいは希望とでも呼ぶほかない。

亀田家の商品価値の筆頭は、父子鷹（史郎氏はべつに鷹でもないが）、それも男三兄弟であることだ。ＴＢＳが早くから亀田家に狙いをつけたのもそこだろう。自社の人気コンテンツ、「大家族・青木家」と同じノリで亀田家にカメラを向けたのである。しかしよくよく考えてみれば、この亀田家のジャパニーズドリーム物語は、第一走者である興毅の成功なくしてはありえない。三兄弟とはいえ、「勝利義務」の負担率は三分の一ではなく、ほとんど興毅一人におっかぶせられているのである。まったく長男には生まれるもんじゃないな。

今後も続いてゆくだろう、亀田の試合とＴＢＳの大キャンペーン。興毅がどう「しがらみ」を受けとめ力に変えるのか、あるいは受けとめ損なうのか。そのとき「結果」はどのように「用意」されるのか。生中継の終わる寸前、八時四五分に、水戸黄門の印籠のようにＫＯ勝ちが決まったとしても（〇七年四月、オガーとのノンタイトル戦）、それは大きな物語のなかの細部にすぎない。オレがこの物語の主役・興毅だったらたまったもんではないな……ただその程度の感情をぼんやりと抱えながら、テレビのなかの出来事を眺めていこうと思う。

本気になった中国人は饅頭に何を入れる
作品としての「段ボール入り肉まん」

2007年8月
段ボール入り肉まん

段まんに逢いたい！

ミートホープの一件だけど、「牛肉コロッケ」に豚肉が混ざってたから事件として扱われたんだよね。豚肉だと思って買ったふつうのコロッケになんかの都合で牛肉混ぜられてたら、あんたら文句言うの？　言わないの？

もはや伝説となりつつある「段ボール入り肉まん」。この珍奇な饅頭は本当に巷に存在し、売られていたのか。「段まん」が事実なら、それは中国の食の安全に関する問題である。また、「段まん」スクープ報道の北京テレビが後に謝罪したように、すべてが視聴率目的のヤラセ・つくり話だったのなら、問われるのはテレビ放送のあり方である。五輪を目前に控えた中国政府が、テレビ局の暴走による「捏造事件」ということにして、事実としてあった「段まん」を闇に葬り去ったのだと、そんなうがった見方も飛び出して真相は藪の中だ。

一連の事件でオレが注目したいのは、「段まん」の真実ではない。「段まん」そのものが抱えるネタとしての力である。

「段ボールと豚肉を六対四で混ぜた肉まんが中国で売られていた」

このニュース＝ネタの衝撃度は圧倒的なものがある。はっきり言えば「おもしろい」のだ。「食の安全の問題」といえば聞こえがいい。が、それはワイドショーが芸能人のプライバシーへ土足で入っていくために「公人」という理念をもちだすようなエクスキュースにすぎない。

もし「段まん」が自分の住む街で売られていたなら、「わが家で食べた者がいないか」「人体に影響があるか」が問題となる。しかし、現場が中国の露店となれば、まずほとんどわれわれの口に入ることはない。ひとはタテマエで「ひどい話だ」「怖い」などと言いつつ、むしろ「捏造ではなく事実たれ」と、「売られてろ」と、よりおもしろ度の高い「答え」を求める。「段まん」事件が捏造だったと聞いたとき、ホッとするよりも先に「なぁんだ…」と思ってしまった者は、全員目をつぶったまま手を挙げなさい。

すべてのマスコミがタテマエをかざし、「事件」として一とおりの報道をして終わりである。が、このコラムでは「段まん」のネタとしての配置をきちんと整理しておきたい。

●「段まん」が事実だとしたら？

「段まん」を考えたのは、隠しカメラで撮られたとされる料理人である。料理人として段ボールが豚肉と区別できないと見切ったセンス、創造性。思い切った六対四という「段ボール／豚肉」の材料比設定。ミートホープ社長の水増しアイデアが手ぬるくさえ思える大胆さであり、机、椅子以外の四本足はなんでも料理にしてしまうといわれる中華料理の懐の深さを感じる事件ともいえる。

●「段まん」がつくり話だとしたら？

「段まん」を考えたのは北京テレビの番組『透明度』のスタッフである。想定できる偽装具材のなかからわざわざ「段ボール」を選び、苛性ソーダで柔らかくして食えるようにするという行程まで考案・演出。やらせではなく、一からの創造である。目的であった視聴率を飛び超え、世界にまで配信されて話題になった。テレビ制作者として最高のクリエイションであったといえる。

以上はもちろん「ネタ」としての価値を明確にするために、事件現場、被害者、倫理などを外側に置いて行った査定である。ここからみえてくるのは、「真／偽」いずれにせよ「段ボールまん」は最高の創作物であったということだ。

恐るべき次の輸出品目

本稿がなぜ「段まん」の「ネタ」としての享受を問題にするかといえば、もちろんテレビ論だからである。オレは食品の専門家でも、ジャーナリストでもない。あくまでテレビを通した、ウォッチャーサイドの「段まん」事件だけが問題となる。

そもそも「段ボールまん」は、最初の報道から捏造発覚まで、すべて中国のテレビ、いや日本のテレビを通して「観た」だけの事件である。日本に現物が輸入されてもいなければ、食べてお腹を壊した者もいない。被害者といえば、(北京テレビによる捏造が発覚する以前に)そっくりの段ボールまんを作って食べてみた『スッキリ!!』(日本テレビ)の加藤浩次くらいだろう。

その加藤ですら、「段まん」という他人のフンドシでおもしろ(視聴率)を得ようと、「検証」のタテマエを使って食べてみせただけである。テレビが必要とするのはネタであり、タテマエさえ見合えば、よりイヤらしいネタが望まれる、それだけのことだ。

「段まん」がつくり話であった場合、それはまぎれもなく北京テレビのクリエイションということになる。が、「段ボール入り肉まん」という神がかったネタをエンタメ後進国の中国がつくりえただろうか? この問いの答えは、NOならば必殺料理人と「段まん」が実在したことになるだけだが、YESだった場合は注意が必要である。韓流ドラマの流入など、隣国・韓国のエンタメ力はすでにわが国に大きな影響を与えている。一方、中国のテレビを中心としたエンタメは、これまでほとんどわれわれ日本人に意識すらされたことがない。しかし、「段ボールまん」という神ネタに手を染めるところにまで中国のエンタメ意識が進んできたとすれば……。

ディズニーランドを真似た粗悪な遊園地や、大規模なニセのモーターショーを開催してしまうエンタメ無法地帯・中国。二十一世紀の大躍進が約束されるこの巨大国家が本気でテレビコンテンツに取り組んだとき、日本のテレビは太刀打ちできるのだろうか。まさかおもしろの勝負は降りて、いっせいに放送事業のコンプライアンスを語りだすんじゃないだろうな。

電脳朝青龍は電気行司の夢を見るか？
外国人力士と相撲チップ

横綱朝青龍「無断サッカー」騒動
2007年9月

大のオトナが壊れた

あの肩にエポレットの付いたパイロット風のシャツを着ていることについて、高砂親方本人に説明責任はないんだろうか。

朝青龍のモンゴル帰国療養が決定した。すでにモンゴル側にもマスコミが待機し、国内外でサンドイッチ態勢というのだからまだまだ報道は過熱しそうだ。

「解離性障害」とされた朝青龍の病状については小田晋（精神病理学者）などが疑問を呈している。医学的な議論は専門家に譲るとして、少なくともわれわれにできる判断は、朝青龍が壊れた・・・状態にあるということである。あれだけの公人が、ひとことも語らず、顔も見せず、音を消したテレビを暗い部屋で眺めている、この状態は演出であろうとなかろうと壊れている。

漫画やアニメ作品で知られる『攻殻機動隊』には、人間の脳にマイクロマシンが埋め込まれた電脳化社会が登場する。そこでは、人が犯罪を起こしたとき、電脳技術部分の不具合に起因したものであれば罪を問われない。電脳の罪は社会の罪、というわけだ。

相撲という特殊な社会は、構成員の脳への「相撲チップ」の埋め込みによって制御・運営されている。朝青龍にもこの相撲チップが埋め込まれているはずである。横綱審議委員会が朝青龍に「横綱」という更新不要の免許を与えたのは、チップの埋め込みが正しく確認できたからだろう。

これまでにも朝青龍は数々の場外乱闘を繰り広げてきた。が、旭鷲山の車のミラーを壊したり、高砂部屋の玄関のガラスを割ったりといった事件はそもそも相撲チップとは関係がない。横綱の品格論として混同されがちだが、これらはたんにカッとなりやすいドルジ青年の気質に原因があり、むしろ横綱以前の問題として扱われるべきである。

しかし、親方に届け出なくモンゴルに帰国し、サッカーをしてしまった件については、まちがいなく「横綱論」「相撲社会」に関わる問題である（今回の件で、わかっている事実だけから正確に「問題」と呼べるのは、仮病云々ではなく無断帰国の部分だけである）。朝青龍はべつに〝カッとして〟サッカーに参加したのではない。チャリティとして、子供のためにボールを蹴ったのである。とすれば一連の騒動は、朝青龍本人の問題というより、相撲社会を運営するシステム、相撲チップそのものの不具合を告げる出来事ではないのか。

精神的にも強いはずの朝青龍の、その見事な壊れっぷりは、オレにサイバーパンク風の電脳の不具合を強く想起させるのである。

なぜ四字熟語なのか

通常、お相撲さんへの相撲チップ「48TE《しじゅうはって》」の埋め込みは、何によってなされているか。

まずは相撲教習所での半年間の洗脳教育である。新弟子はここで、相撲の基本的な「心」「技」「体」を学ぶ。具体的には「相撲の歴史」「詩吟」「書道」といった教養の習得であり、幕下力士などから実技の手ほどきを受ける。十代で若松部屋（現高砂部屋）に入門した朝青龍もこのカリキュラムを経たはずである。来日して間もない外国人への教育が、どのような体制（言語）でなされているのか、そのへんにもツッコミどころがありそうだ。

このあと、ひとかどの力士になるべく、部屋でのちゃんこ作りや、先輩からの理不尽なシゴキに堪えたりと、さまざまなイニシエーションを通過する。「心技体」のうち「心」の発達は見えにくいが、その他の二つは星取り表がはっきりと示してくれる。部屋での上下関係は、年齢よりも番付であり、メシや風呂の順番もそれに従う。土俵上で強ければ「心」がそれなりでも相撲社会を這い上がっていくことができるのだ。頂点までの長い道のりに立ちはだかるのは、唯一、横綱審議委員会による審査だけである。横綱推挙状にある「品格力量抜群に付き横綱に推擧す」の、

「品格」の部分がここでようやく問われることになる。

かように、相撲チップの埋め込みといっても、相撲教習所以外は日々の稽古や土俵、部屋での日常生活のなかで培っていくだけである。「試験もなんにもな〜い」のだ。「相撲チップ」の鍛造行程は穴だらけ。穴だらけだからこそ、朝青龍は「横綱昇進伝達式」で、まちがった口上（！）を披露してしまったのだ。

「謹んでお受け致します。これからはなお一層稽古に精進し、横綱として相撲道発展のために一生懸命頑張ります」

お気づきだろうか。「相撲道」は「発展」させるものではない。「精進」もしくは「極める」ものである。「相撲発展のために」ならおかしくはないが。朝青龍は、この口上で横綱不合格になるべきだった。はいアウト〜ッ！くらいのノリで。

国語の問題ではあるが、言葉はすべてでもあり、象徴的なことだと思うのである。「相撲道」を「発展」させようとする外国人力士と相撲チップとの動作確認がとれていないまま、横審が横綱免許を与えてしまった。その〝出荷ミス〟が今、バグ＝無断帰国問題として出てきたのである。

昇進の伝達を受ける側の口上としてよく使われる四字熟語。これは貴ノ花（当時）が「不撓《とう》不屈」、若ノ花が「一意専心」と、それぞれ大関昇進時に口にしてからなぜか定着しつつある。二子山部屋が勝手にやりはじめたことだが、「精神一到」（白鳳）、「力戦奮闘」（琴光喜）と、いまや他の部屋の力士も言わなければいけないような空気になってきている。

意味もわからず、外国人力士が呪文のように四字熟語を口にしている光景を奇異と見るか、あるいは微笑ましいと見るか。いずれにせよ、口上のために慌てて四字熟語というものを用意し、暗記し、まちがいなく披露できるようにすることが、国技たる相撲を理解しているかどうかの最終試験の機能を果たしているといえるかもしれない。密かにハードルを上げた二子山部屋ってイヤらしいな（ちなみに、花田勝が横綱昇進の口上で「堅忍不抜」を「けんしんふばつ」と言ってしまった事実は、もちろんなかったことになっている）。

まあオレとしては相撲チップが外国人対応に書き換えられても一向にかまわないのである。むしろ、瀕死の相撲界に必要なのはそうした〝変わり身〟ではないのか。まげが金髪でもいいじゃないか。伝達式の口上が英語だっていいじゃないか。祝杯がシャンパンタワーでもいいじゃないか。まわしがラスタカラーでもいいじゃないか。土俵入りがアダムスキー型でもいいじゃないか。ジャクソン部屋があったっていいじゃないか。チャンコフォンデュうまそうじゃないか。年寄株がスティール・パートナーズに買い占められたっていいじゃないか、いいじゃないか……。

麒麟・田村ん家への最短経路教えます

拝啓　超能力者さま

『FBI超能力捜査官』日本テレビ
2007年10月

その超能力って古くな〜い？

超能力捜査官が漫才コンビ「麒麟」田村の父親捜索に挑んだ。貧乏伝説の田村だけに、いまさら父が小金持ちになってたりしたらマズい。事前の遠隔透視で、まずは父親の住む部屋の、そのまたタンスの中の、預金通帳の透視が始まった……。

第十二弾らしい。フセインはアメリカの最初の空爆で死んだ（ジョー・マクモニーグル）とか、武富士放火殺人の犯行動機・犯行状況の見事な外れっぷり（ナンシー・マイヤー）を経てもなお続けるようだ。もう当たった外れたは言ってもしょうがない。「当て方」「外し方」に目を向けることで、自称・超能力と戯れてみよう。

超能力。人間の能力を超えるという意味だが、じつはそんな力はそこらじゅうに転がっている。人は道具を発明して肢体を拡張し、または力そのものを外部にゆだねることで、自然を征服し地球を支配してきた。たとえば双眼鏡は眼に「超・能力」を付加したものだし、車は脚の運搬力を拡張したものである。さらにいえば、ラジオは「耳」を、テレビは「眼」を爆発的に拡張したものだ、というのがよく知られる文明批評家マーシャル・マクルーハンのお説である。

こうした「超能力」観で、いま一度「ＦＢＩ超能力捜査官」とやらの芸を見てみると、彼らの演目である「超能力」とテレビ局によるその利用法が、いかにむかしから進化していないかがわかる。

マクモニーグルのお得意は「遠隔透視」である。行方不明者の名前と生年月日だけで、ターゲットが今どこにいるか見えてしまうらしい。その際に使われる小道具がアナログにもほどがある。紙とボールペンなのだ（！）。

いやいや、べつにいいじゃん、透視した場所の地形や電車の路線図、公園やビルの位置を書くんだから、紙とペンでいいじゃん、そう思ったあなたは「超能力」という古くテレビ的な概念に縛られすぎている。超能力はつねに、拡張された人間の能力の、さらに上をいかなければ意味がない。

マクモニーグルが紙とボールペンで書いた地図を手に、番組スタッフがめぼしい場所を駆けずり回る。「麒麟」田村の生き別れの父親を探すべく大阪まで出向き、目印となる公共の建物など、透視結果と類似する地点をくまなく探った。

お気づきだろうか。手書きのイラスト地図にうかがいを立てる必要はないのである。まず確認すべきは「国土地理院の地図」であり、さらには「グーグル・アース」である。パソコンを前にし、マクモのご信託を高倍率の衛星写真と照らし合わせればいいのだ。これだけで東奔西走のくだりが一気に短縮できる。あ、短縮されたらディレクターは困るんだろうが。

マクモニーグルは絵がお上手である。鉛筆でなくボールペンで、書き損なうことなく、一気に地図や建築物のイラストを仕上げていくさまは圧巻である。このイラスト（紙）が、神の啓示か予言書のようにオーラをまとう。が、すでにみたように、この遠隔透視という演目をパート分けしてみると「ステキなイラスト」の部分はまったく捜索活動に必要ないのである。仮に「ステキなイラスト」を描かないと、イラストが趣味のマクモの満足が得られないというのなら仕方がない。ならば地図としての価値がその大半を占めるイラストは、即座に人類の「超能力」たるグーグル・アースへと記号変換されるべきである。お絵描きされた紙をもってウロウロしている暇はない。この番組の主眼は「犯罪捜査」であり、生き別れた家族を探す「人助け」なのだから。「遠隔透視」「千里眼」という宣伝文句《おもしろ》がグーグル・アースという電子遠隔透視との連携によって小さくなる（あるいは意味不明になる）ことなどべつにいいじゃないか。なんならマクモ本人がマウスを動かしながらやるのが一番いい。

超能力が承認されたとき

東スポの本家ともいうべき米タブロイド紙『WEEKLY WORLD NEWS』が今年八月ついに休刊になった。コウモリ少年や巨大バッタの捕獲をデカデカと写真入りでスクープしていたあのおふざけ新聞である。二八年まえの創刊当初はともかく、晩期はすっかりネタとして楽しまれていた。休刊すなわちネタとしての価値さえ失ってしまったのは、われわれ一般人が『WWN』紙以上の「超能力」を身につけてしまったからである。いうまでもない、Photoshopなどのレタッチソフトだ。

「持てる者」(マスコミ)だけが写真を加工できた時代は、件のコウモリ少年も一見の価値ある存在だった。が、いまや一般家庭でも写真の修正や合成がふつうに行われている。ドラえもんの「インスタント旅行カメラ」あたりではもうジャイアンたちも驚いてくれないのである。

超能力の「超」の部分にはいつも「驚き」がある。われわれが驚きを失い、あたりまえとしてしまったとき、元超能力であったものは拡張・実装済みの「能力」となる。人はそうして次々に登場する超能力を血肉とする。

「FBI超能力捜査官」。もう十二回もやったのだから、マクモニーグルのイラスト(の巧さ)に驚く段階は過ぎた。「FBI〜」という肩書きも承認《おふざけ》してやったっていい。実際の「FBI」だって「NASA」だって、現代日本のわれわれからすればたいした「超・能力」的存在でもない。能書きはいいからさっさと透視し、手軽にネットでもなんでも使って確認をとり、田村の親父ん家に直行しろ。んで余った時間は『FLASH』の袋とじの中でも透視してろ。

モダンな予言の方法

どうやらデジタルと超能力を融合するような進歩的な試みはテレビの連中からは出てこないようである。なにかデジタルを使ってしまうと超能力が見劣りしてしまうと思っているのだろうか。そもそもスプーン曲げが万力（というわれわれの認定済みの能力）のまえに無意味であるように、いま創造されている超能力のほとんどが最新テクノロジーには及ばない。「遠隔透視」の驚きの輪郭が、グーグル・アースの登場でぼやけてしまうのは仕方ないのである。だったらうまいこと融合しろ、というのがテレビ進化論である。

さて、同番組で紹介されていた予知夢のジュセリーノ。9・11や長崎市長暗殺を予知していたという彼は、予言文書を公証役場で登記するというアナログ技術に自己の予知能力を担保させていた。うーん、目がくらむ。「2ちゃんねる」っていうデジタル技術知ってる？　そこに専用スレッド立てといてやるから、予言でも寝言でも書き込んどきなさい。

リアリティの馬脚は突然に

あるいは、現代ハラキリ論

2007年11月

沢尻エリカ・亀田大毅

真実としてのトンデモワード

「諸悪の根源」。映画『クローズド・ノート』舞台挨拶騒動後の、沢尻エリカ公式HPの謝罪文の言葉である。壇上で何度も飛び出した「べつに」は坂口憲二にもパクられ、流行語大賞ノミネートの噂も飛び交っている。が、言葉としておもしろいのは「諸悪の根源」のほうだろう。第一「べつに」は、『明石家サンタの史上最大のクリスマスプレゼントショー』（フジテレビ）ですでに一世を風靡してしまっている。

「べつに」と「諸悪の根源」は言ってみれば正反対の言葉である。「べつに」は取り立てて何かひとつを選ばない状態、あるいはひとつも見当たらない状態。一方「諸悪の根源」はすべてがひとつに収斂するような状態を示している。「べつに」の反動が「根源」にまで到達してしまったのが沢尻エリカのなかの振り子運動であったといえるかもしれない。

こうした振り幅の大きさは芸能界においても突出したものだ。女王様で売ろうとして失敗、方針を切り替えてあわてて謝罪したとか、あの涙（テレビ朝日『スーパーモーニング』のインタビュー）も演技だとか、むしろ謝らないでほしかったとか、見方はそれぞれあるだろう。が、「諸悪の根源」というトンデモワードがひっぱり出されてくるあたりに沢尻のポテンシャルの高さはあるし、計算、裏の台本、利益誘導でズブズブの芸能界のなかにあって希有なリアリティを放つ存在だとここに再認識しておきたい。

舞台挨拶での不機嫌の理由はなんだったのか。涙ながらに謝罪した赤江インタビューでも、沢尻はそのワケを話さなかった。「私情をもちこんだことが問題で、原因が問題ではない」と。芸能的要請に従えば、「なぜ不機嫌だったか」が最大の謎であり視聴者の一番知りたいところである。うまくすれば、そこが一番〝仕事〟になるのだ。野村沙知代にビンタされた現場を嬉々として話した神田うののように。

沢尻のこうした受け答えは、彼女が芸能地図のなかに生息していないことを示すのにじゅうぶんである。和田アキ子が「今度シメるからさ」（『アッコにおまかせ！』ＴＢＳ）と言ったのは芸能地図の改訂請負人として当然といえば当然だが、図法も縮尺も違う世界の住人なのだからアッコが一肌脱ぐには及ばない。

では「諸悪の根源」はどこにあったのか。沢尻がそれを自分のなかにみつけるための旅に出たことは、今後さらなる高次のおもしろ（沢尻のタレントとしての進化）をたぐり寄せるだろう。しかし、ここでは低次の問題として、「舞台挨拶」こそが悪なのだとオレが断じておきたい。だってキモイでしょ、舞台挨拶。あれ必要ないって。たったいま観た映画の登場人物が、素になって現れる。「みなさん楽しんでいただけましたでしょうかぁ」。そんなのを欲するのって芸能ファンではあっても映画ファンじゃないだろ。

沢尻はまだ役者としては新人の部類なのだろうが、デ・ニーロよろしく与えられた役に入り込み、表現者としてそれに懸け、クランクアップ後は役落としのために次の仕事との間にじゅうぶん時間をとるという。そうした仕事観、映画観をもって臨む人間に、上映直後の舞台挨拶を強要することじたいどうか。どんな先輩役者も通ってきた道というのなら、それこそが悪しき風習であり、見直すべきだと言い切ってしまおう。

撮影スタッフに差し入れたというクッキーを「どんな思いで焼いたか」なんてことをわざわざ他人に教えてやる必要はない。どうしても生身の沢尻に興味があるというのなら、あの「べつに」という言葉に、内面のリアリティの一端を嗅ぎとるだけでじゅうぶんである。

中島みゆきの流れる世界

沢尻は「諸悪の根源」を自身の若さ・未熟さにみつけている。それが正しいのかどうかはわからないが、オレが「リアリティの突出」という角度において同じような事件と分類しているのが、亀田大毅のＷＢＣタイトルマッチである。

12Ｒにやらかした、大毅の〝グダグダ〟。あれをボクシングとして論じることにはいささかの価値もない。しかし、「十八歳の少年のリアリティ」という側面から接したとき、オレはテレビというフィルターだらけのメディアから、ひどく生温かい肌触りを感じることができたのである。大毅が内藤大助を抱え上げたあの絵は、世界と格闘するひとりの少年が、テレビという巨大メディアとそれに群がるわれわれをブン投げようとした瞬間だった、と言ったら言いすぎだろうか。

大毅の12Ｒはオレに不思議な〝感動〟をもたらした。亀田家という大家族物語の、身動きできなくなった父・タマ打ってまえ・史郎、長男・ヒジ入れろ・興毅、一人ひとりの物語の終章を、オレは無常観にも似た気持ちで受けとめていたのである。キャンバスに組み合ったまま倒れ込むふたりのボクサーの姿が、まるでスローモーションのように揺らいだ。脳裏に流れていたのは、中島みゆきの「シュプレヒコール」（コラコラ）。「君と世界との戦いでは、世界に味方せよ」というカフカの言葉が耳にこだます。

舞台挨拶での「べつに」や世界戦での反則が、当事者にとって消し去りたい傷であるのは承知である。それら事件をテレビからの「突出したリアリティ」として享受し、感動素子をすこしでも反応させたいと願うのもまた愚かな行為のひとつかもしれない。テレビのスイッチを消し、あれほど熱っぽく語りかけてきた世界が黒く硬質なガラス板に変わった瞬間、そこにいるのは拳銃のようにリモコンを構えた自分である。あたかも、同士討ちのように……。諸悪の根源の在り処をじっと見定めるふりでもしつつ、今日も誰かがやらかしてくれる貴重な瞬間を待つとしよう。

大毅がひどく落ち込んでしまっている。飯もろくに食わず、家庭内の会話も一言二言らしい。試合に負けたことだけが原因ではないだろう。負けたときのみそぎを「切腹」に設定してしまっていたことが、大毅の社会復帰を遅らせているのだと思う。もちろん「切腹」という単語を口にしたことじたいまちがいだった。が、あの口喧嘩の世界でだけ通用するレトリックが、ニュースの見出しとして大メディアに乗り、日本中に配信されるこの過剰な社会のほうがおかしいのである。かくなるうえは、プリンセス・テンコーのバックアップで腹切りイリュージョンでもやったらどうか。で、報道してもらおうじゃないか。見出しは「亀田大毅、切腹に成功！」。あ、この話、日テレなら乗りそうで怖いな。

空気に名前をつけることはできるか？

記憶よりも記録にこだわることの貧しさ

2007年12月
日本シリーズ完全試合未遂事件

NGワードとしての「KY」

空気読めって言われてもねえ。難しいよな。なにしろ「KY」を「空気読めない」と読むことじたい馴染めないし。どうしたって「読む」の部分しか示すことのできない「Y」の字が、「ない」(否定)の部分まで含意しちゃうとは世志凡太もびっくりだよ。このレイプまがいの暗号化が共有できた時点でその外側の人間を猛烈にふるい落とそうというイヤ～な意図がみてとれるな。

先だってのプロ野球日本シリーズ第五戦。日ハムの攻撃は九回の表を残すのみ。中日・山井があと三人打ち取れば完全試合というところで落合監督がベンチを出た。球場に山井コールがこだますなか、なんと守護神・岩瀬へスイッチ。結果、中日は五三年ぶりの日本一に輝いた。

シリーズ史上初の完全試合のチャンスをふいにしてしまった、驚きの采配。各スポーツ紙は直後から継投の是非についてネットアンケートを取り、翌日の紙面に掲載した。ある意味、山井がそのまま完全試合を達成するよりも語り草になったのかもしれない。

語り草＝飯のタネというわけで、スポーツライターや評論家の登場である。

「つまらないことしますよね、本当に。怒りを覚えるというよりは苦笑いする感じ。（中略）今シーズン最も空気の読めない采配だった」（やくみつる・サンスポ）

件の継投のような多様な読解が可能なケースでは、それぞれの立場がそれぞれの利益に従って発言することになる。五三年間日本一を待ちわびたドラゴンズファンならば、結果としての日本一の重さ、有り難さを何よりも噛みしめ、落合采配を評価するかもしれない。一般的な野球ファン、たまたまテレビ中継を観ていたひとならば、山井の続投、世紀の完全試合を見届けたかっただろう。

やくみつるに課せられた仕事は「おもしろいことを言う」「独自の分析をする」である。一般のファンが野球に望むものを気ままに吐露するのと違い、やくには識者としての「批評」が求められている。大変なことである。とハードルを上げておいて…

「空気の読めない采配」てキミ。

批評の本分は「修辞」でしかない。すでにみたように、中日ファンの考える日本シリーズの戦い方と、他球団ファンが求めるものは違って当然である。批評という位相は、こうした自己への利益誘導から自由であるほうがいいのだろうが、べつに「横浜ファン」としてやくが何かを語っても一向にかまわない。ただし、その際にも問われるのはレトリックだということだ。

近頃、「空気読め」と言ったもん勝ちな気がしてならない。言ったら即自分はセーフみたいな。権力サイド、イジメっ子サイドみたいな。なんか子供の頃よく使ってた「エンガチョ」と似たものがある。

マンガ家であり、横浜ファンであるやくみつるが落合采配をおもしろおかしく批判することはいい。ただ「空気読め」というレトリックの空疎さは自身でじゅうぶん嚙みしめておいてほしいところである。

「美しさ」の彼岸に何がある?

元祖スポーツジャーナリストの玉木正之はさらに辛辣である。

「これが野球か⁉　野球の醍醐味はどこへ消えた⁉　ナンデ完全試合の山井を変えるねん。Wシリーズでもたった一回の記録をナンデ潰すねん!　野球のもっとも美しい瞬間を消したのは誰や!　スポーツに対する冒瀆や!　これが野球やというのであれば俺は野球ファンをやめる!」

(自身のHP)

玉木がどちらかといえばメジャー野球シンパであり、スモールベースボールに批判的であるのは知っている。そうした主義に基づき、利益誘導を目指すのも自由だ。オレにとって重要なのはあの継投に肯定的か否定的かではなく、どのような口吻で批評しているかの一点である。

烈火のごとく並べたてたコキ下ろしレトリックのなか、唯一選択的だと思われるのが「美しい」という形容詞である。

「美しい瞬間」……てキミ。「美しい国、日本。」くらい茫洋としてるわけだが。

せっかく威勢よく怒ってるのに、発言の肝心な部分が放送禁止のピープ音で消された感じである。「美しい」の中身をもうちょっと詳しく話してくれれば安倍元総理よりは興味をもてたのに。

山井が一人で完全試合を達成していたなら、さぞかし一般のファンは喜んだだろう。しかし、それは「美しい」からだろうか？　玉木がスポーツウォッチングのプロとして打ち出した政権構想「美しい瞬間」の意味は他人であるオレにはわからない（蓮實重彥流の独自の美学に基づいたプロ野球批評を思い浮かべるとしても、ただ「美しい」というだけでは…）。が、世間の山井続投派の空気を読んでみるに（コラコラ）、それは美しいものを見たいという唯美志向ではなく、「記録」に立ち会いたいという心のやましさ、貧しさそのものではないのか。

ここでいう「記録」は「記憶」と対比することで「やましさ・貧しさ」へとたどり着く。記憶は「潔さ・豊かさ」に属するものだ。なぜなら記憶は歴史の一員としてインデックスを植えつけられない。記憶の在り処はもっぱら人々の心のなかである。人が死ねばどんなにすばらしい記憶であろうと露と消える。それゆえ記憶は潔いし、ある限りにおいて生き生きとしたものである。

いっぽう記録はどこかに書き止められ、永遠にホルマリン漬けのように残る。われわれが死んだあとも。記録に立ち会いたいという感情は、われわれが永遠の出来事に居合わせたと信じたいという、ある種の宗教的なやましさに根ざしている。

一昔前のテレビ番組『びっくり日本新記録』（日本テレビ）のお決まりのナレーションに「記録、それはいつも儚い」というのがあった。が、儚いのは記憶のほうである。こう言い換えよう。「記録、それはいつも貧しい」。完全試合という記録が、仮に山井続投によって達成され、それが百年後に残っていたとしても、その記録紙の行間には、山井を救いつづけた中日の鉄壁の守備、中村や荒木のファインプレーも、まるで手品のように機能したセギノールシフトも浮かび上がってこない。そこには「完全試合」という貧しい四文字しかないのである。

今回の継投劇がわれわれに残したもの。それは、あの「山井コール」が「岩瀬コール」へと変わるナゴヤドームの異様な雰囲気、熱気、諦め、期待、思いどおりにいかない野球のもどかしさである。そのとき確かに存在した〝空気〟は、記憶特有の「書き換え可能性」によって、人々の記憶がある限り揺らぎ、更新されつづける。

岩瀬投入とその後の野球関係者やファンの間に起こった論争は、オレに「ゴルゴ13論争」を思い起こさせた。この論争は、漫画『ゴルゴ13』のファンと評論家・呉智英との間に起こったもので、「汚れた金」という話の中にゴルゴ（デューク東郷）の登場する必然性がないことを呉が指摘し、読者が激しく応戦したものである。

　呉智英の批判は「列車を止めるにはゴルゴによる爆薬への狙撃ではなく時限爆弾でじゅうぶん」に要約できる。それに対する読者の反論はなんと「ゴルゴの仕事は時限爆弾より正確」であった（！）。ゴルゴファンでもなく、そこまで呉びいきで読んでいたオレは、この驚くべき（フィクション内）事実を知った瞬間に心で白旗を揚げていた。

　そう、背番号13・岩瀬仁紀はデューク東郷なのである。あの緊迫した場面で、完全試合寸前の山井の続投よりも確実と言い切れてしまうことの恐ろしさ。そして、実際に三人で切って取った岩瀬13《サーティーン》のことを、われわれはもっと愛でようではないか。

この「どんだけぇ〜」は誰のもの？

新明解二丁目辞典の可能性

新語・流行語大賞「どんだけぇ〜」 2008年1月

やす子かＩＫＫＯか

二〇〇七年の「新語・流行語大賞」（とかいう賞）のトップテンに「どんだけぇ〜」が入った。大賞を獲った「ハニカミ王子」「どげんかせんといかん」なんかよりも流行語と呼ぶにふさわしいフレーズではある。が、発信者がＩＫＫＯとされ、彼女が授賞式のひな壇にまで上がってしまったのはどういうわけか。

われわれが「どんだけぇ〜」を初めて耳にしたのは『リンカーン』（ＴＢＳ）のパロディ企画「世界ウルリン滞在記」。新宿二丁目ゲイバーのママ・やす子ちゃんの口からだった。ウルリン放送後に番組内で「どんだけぇ〜」が流行り、人気にお墨付きを与えようとメジャーなおネエ・ＩＫ

KOを起用し連呼。その後IKKOが持ちネタとして各方面で披露しているうち、いつしか「どんだけぇ〜」はIKKOのものになり、流行語大賞を受け取るに至った。

やす子ちゃん＆『リンカーン』からすればパクられたかたちである。「ウルリン」でゲイの世界を訪れ「どんだけぇ〜」の紹介に一役買ったFUJIWARA藤本敏史は、この〝流行語大賞落選〟をネタに『リンカーン』内で毎週のように地団駄劇を披露した。コントとはいえ「こっちが本家じゃ」という気持ちの表れだろう。

まあどっちでもいい。オレが注目したいのは「誰が本当の発信者か」ではない。「ユーキャン新語・流行語大賞」（とかいう賞）が、なぜ発信者を個人に特定し、またなぜそれをやす子ちゃんでなくIKKOとしたのか、そして発信者がIKKOになることが「どんだけぇ〜」という言葉にもたらすものは何か、である。

初期衝撃はいずこへ

IKKOをオカマと呼んでいいのか、おネエMANとでも呼んだらいいのかわからないが、彼女は並みいるTVおネエのなかでは上品、上流なほうである。これは金持ちかどうかとは関係がない。人間的な「踏み外してない感」であり、「まじめさ」と言っていいかもしれない。いっぽう二丁目のやす子ちゃんはといえば、「場末感」「たくましさ」という形容が当てはまる。なにもやす子ちゃんのことを踏み外した人間と言ってるのではない。やす子ちゃんはあの場末感がチャームポイントであるし、藤本を引き込んで感動の「ウルリン滞在記」を成立させるだけの確固たる非主流世界を形成している（ウルリンも本家『ウルルン滞在記』（ＴＢＳ）同様、対抗文化の発見にいそしむ企画である）。

「どんだけぇ〜」がわれわれに与えた初期衝撃は、非主流文化から唐突に飛び出してきた〝気持ちのいいビンタ〟のようなものだった。まるで「言葉の意味はわからないが、とにかくすごい自信だ」（キン肉マン）とかいった類の。やす子ちゃんがくりだす「どんだけぇ〜」はじつはマネすることができない。見事なまでの非主流感をたたえていて、そんじょそこらの「どんだけぇ〜」では追っつかない。使う場面や意味さえもよくわからないこの非主流文化内の暗号が、いつしかマスコミを通じて増殖し、流行語になってしまった。

「新語・流行語大賞」（とやら）は、『現代用語の基礎知識』の編纂作業の副産物である。「どんだけぇ〜」は辞書に載るような言葉になったのだ。生まれては消える市井の言葉をふるいにかけ、選び出し、掲載し表彰する。そうした行為のなかに、主流派による非主流派への「施し」意識はないか。もちろん悪い意味での。いや「施し」ならすでにマスコミでエスタブリッシュしているＩＫＫＯではなく、やす子ちゃんを選ぶという手もあっただろう（やす子ちゃんが喜んで賞を受け取るかはわからないが）。

主催者が「施し」意識をもっているかどうかはこれまでの表彰式を眺めればわかる。小泉純一郎、武部勤、小池百合子、加えて今年は桝添要一までがノコノコと授賞式に顔を連ねた。この政治家コレクターぶりは、いまだにこの「流行語大賞」が施しどころか自身のエスタブリッシュに躍起になっている証左である。小倉智昭は「当日授賞式に出られないと賞もらえないんでしょ?」といぶかった(『とくダネ!』フジテレビ)。より正確に問うならこうだ。「当日授賞式に来てもらえたら授賞式がより盛りあがったり箔がついたりするひと優先でしょ?」

辞書でもなんでもない『現代用語の基礎知識』にそこまで求める必要もないのかもしれない。が、言葉を扱ってるつもりなら、すこしは語源や生成現場に注意を払ったらどうか。「消えた年金」=桝添発信じゃ出自が真逆である。

言葉は、流行語になったり、辞書に載った時点で、むろん何かが抜け落ち、何かが付加されている。いま流通している「どんだけぇ〜」は事実としてIKKOサン的な、よりファッショナブル(?)なものになっているのかもしれない。そこにはウルリンにあったような初期衝撃、カウンター性は存在しない。

ウェブの世界がさらに成熟し、ユーザー発のネット辞書が言葉の番人を買って出る時代がくる。そこには「二丁目のカオス」のような幾多のフォークロアがすくい上げられるだろう。が、それでも人々は、たぶん広辞苑のような、識者によって編纂された重くノロマな辞書を必要としつづける。いやむしろ、辞書が何を正統とするか、その手つきによりいっそう注目が集まるはずだ。有名人が授賞式にゾロゾロ押し寄せ、辞書もどきにインスタントな聖典性を付与している今は、幸福な新語・流行語バブル期かもしれない。

2

ちゃんねる検索主催による二〇〇七年度のネット流行語大賞は「アサヒる」だった。朝日新聞（二〇〇七年九月二四日付）のコラムで石原壮一郎が「アベする」（仕事を放り出す）という言葉が流行っていると書いたことに対し、なもん流行ってねーよと、言葉を捏造してまで安倍晋三を叩くのかとネットで大騒ぎになった末、むしろ「アサヒる」（捏造をしてでも叩く）のほうが広く流通してしまったという顛末。注意すべきは、石原が書いたのは「『アタシ、もうアベしちゃおうかな』という言葉があちこちで聞こえる」という、フォークロアに毛が生えた、いやフォークロアから毛が抜けたレベルの話だということである。なのになぜその真偽をめぐって荒れるのか。それは、アサヒってようがアサヒってなかろうが、人々が朝日新聞にジャーナリズムにおける〝辞書〟の役割を担保しつづけているからである。「アベする」という石原個人の心象風景の素描（コラコラ）が、朝日新聞に載っただけで「捏造」になる、この構図こそが朝日新聞の聖典としての延命に寄与しているのだ。まるでアンチ巨人が巨人を欲するように（はい、もう朝日新聞さんにはエサをやらないでくださいね）。ちなみに「アベする」流行の真偽だが、オレは「あった」「なかった」ではなく、音韻論的にこんなもんは「あってはならない」という立場である。

ドロンボーは大変なものを盗んでいきました。

主題歌騒動にみる神話生成の瞬間

『ヤッターマン』読売テレビ　2008年2月

切り捨てられた山本正之

三十年ぶりに復活したアニメ『ヤッターマン』（読売テレビ）が意外なところで話題になっている。「ヤフー・ニュース」でも取り上げられ、ニコニコ動画にMADムービー（個人制作のサンプリング動画）祭りを発生させたその意外なところとは、「主題歌」だ。

発端は、長年タイムボカンシリーズのテーマソングを担当してきた山本正之が、今回のリメイク版のオープニング曲についてネット上で不満を漏らしたことによる。作曲者でありオリジナル版の歌い手でもある自分の承知しないところで、新たな歌手の選定やレコーディングが進んだというのだ。山本正之といえば『燃えよドラゴンズ』『ひらけチューリップ』のヒットや、数々のアニメソングの作曲で知られるミュージシャン。森進一から『おふくろさん』を取りあげた川内康範のように、自己の愛すべき遺産の扱いにベテランが注文をつけたかたちである。たしかに今回の制作プロセスは――山本氏の説明が正しいなら――「だまし討ち」「山本外し」というべきものだった。このイヤ〜な暴露話にオールドファンが反応し、騒ぎが拡大したというわけである。

第一回の放送直後、番組公式HPはこの話題でもちきりだった。意外にも検閲は緩やかで、オープニング曲に関する膨大な数の批判投稿を読むことができた。このBBS同様、ニコニコ動画に三十年まえのオリジナルOP曲への賛美の声が集まったのは、山本が公にしたような制作プロセスの不透明さへの反発が第一ではない。新たに録られ発表されたテイクが、見事にオールドファンの期待を裏切る内容だったからである。

新装版『ヤッターマンの歌』は、音屋吉右衛門というアーティスト（その実態は世良公則&野村義男）によって演奏され、歌われていた。アレンジはアコースティックギターメインのアンプラグド系。疾走感のあるカッティングが洒落ているが、アニメのオープニングとしてはまったく馴染みのない趣向である。これなら山本節+分厚いブラスアレンジで否応なく盛りあがるオリジナル版のままでよかったのではないか、いや、山本版こそは『ヤッターマン』の一翼である、番組制作者はこのアニメ作品のなんたるかを知らない、知らないからぞんざいな手つきで山本を外し、マスターベーションのごとき小洒落たトラックにすり替えてしまった……。

あの牧歌性とノリのよさを併せもつ山本正之の歌声と、あらゆる意味で野放図なアニメ「タイムボカンシリーズ」はワンセットとして記憶されており、オールドファンたちの不満のありようはいとも簡単に読み取れる。が、同時にある疑問も頭をもたげてくるのである。それは、2ちゃんねるやニコニコ動画で「祭り」というレベルにまで達してしまった『ヤッターマン』へのオールドファンたちの熱き魂のリアリティである。

マンネリアニメの考古学的位相

アンタら、そんなに『ヤッターマン』好きだった?

数字だけ見れば、一九七七年から七九年の二年間で平均視聴率二〇・一%はすごい。かくいう小学時代のオレも、「今週のハイライト」(これは『ヤッターマン』の前作『タイムボカン』のセリフだが)と叫んではクラスメイトにボディアタックを食らわせていた「ヤッターマンチルドレン」のひとりだ。が、毎週欠かさずといっていいくらい観ていたその視聴モードはといえば、座して待つではなく、鼻くそほじりながらというほどのものだった。

熱くなっているヤッターマンチルドレンたちに冷や水を浴びせたいのではない。まずは『ヤッターマン』が鼻くそほじりながら観られるようにできたアニメだったことを確認しておきたいのである。

その程度のアニメが、毎週われわれ子供をテレビの前に座らせるのに成功していたのはなぜか。

これにはは山本正之の音楽のすばらしき〝わらべ唄〟性もひとつの要因に挙げてかまわないのだが、あえてここで指摘しておきたいのは「ドロンジョの裸見たさ」である。

これは『ヤッターマン』というアニメ作品の本質論ではなく、消費（テレビの前）へと向かわせる欲望の深層に関するものである。われわれ男子は、同時代に放送されていたアニメ『キューティーハニー』における「如月ハニーの変身シーン」よりも、もっと巧妙かつ後ろめたくないかたちでドロンジョの裸にありつくことができた。彼女の露出シーンは、いつも「滑稽な罰」として与えられていたからである。

まあ深層論はいい。われわれの『ヤッターマン』に対する接し方はいずれにせよ「鼻くそほじりながら」であり「またやってらあ」だった。そんなことは番組を観たことのある者なら誰でも共有できる事実である。『ヤッターマン』はそのストーリーにおいてわれわれをなんら魅惑しないし、観はじめるまえとあとに、いささかの価値観の変化ももたらさない。ドロンボーが劇中みずから歌っているように「マンネリなんかはなんのその～」の精神が貫かれた作品なのである。

本作で人気を決定づけたタイムボカンシリーズは、同じフォーマットで『ゼンダマン』『オタスケマン』へと続く。このロングランが可能だったのは、『ヤッターマン』に「容れ物」としての機能しかなかったからだ。むろん「容れ物」が定型としてお茶の間に浸透する過程、『タイムボカン』後期から『ヤッターマン』までの、不動のお約束を生成していく瞬間こそがクリエイターたちの手腕だったろう。本シリーズは、お約束の完成をみたときに商品としての実質的な価値はむしろゼロになったのであり、そのイメージ遺産の背後を視聴者に（鼻くそほじりながら）充足させることで成立しつづけていくのだった。

悲劇は、この二〇〇八年の新作が「タイムボカンシリーズ最新作」としてではなく、『ヤッターマン』そのものの書き換えになると決まったときに約束されていたといっていい。仮に『平成ヤッターマン』という別個の表題が用意されていたのなら、今回のオールドファンたちの抵抗もなかったろう。そもそも「容れ物」でしかない『ヤッターマン』の、器の意匠の変更は御法度である。そのことを制作者もある程度は理解していた。実質的主役といえるドロンボー一味の声優陣をいっさい変えなかった由である。しかし、山本正之までもが「容れ物」の一部であることを読み取ることはできなかった（正確には、今回の山本からのリーク内容があまりにも「容れ物」の改ざんを示唆する出来事だったため、山本サウンドの容れ物性が異化されてしまった。自己の遺産の市場評価において、山本は賭けに出、結果として勝ったのである）。

これまで長いこと『ヤッターマン』には買い手がつかなかった。最後のテレビシリーズであるテレビ東京の『怪盗きらめきマン』から八年の空白があり、その『きらめきマン』のまえは十六年も空いている（第一作『タイムボカン』から第七作『イタダキマン』まではフジテレビ系列で放送）。三十年という長い歳月を経て全国ネットに復活したのは、「テレビ＝ファミリーで観るもの」というコンセプトが根強い読売＝日本テレビ系が、「三十年」に「二世代」というキーワードをかぶせることを目論んだからだ。このスケベ心に満ちた『ヤッターマン』の書き換えが成功をみるかはわからない。しかし、少なくともゴールデンタイム＋全国ネットという大きな市場に漕ぎだした時点で、『ヤッターマン』はイメージの充足を再びわれわれに強いることになる。それはすぐにオープニングソング騒動を招き、ありもしなかったオールドファンたちの「熱き魂」を生成し、そこにすべり込ませた。『ヤッターマン』はこの二〇〇八年に、その実質的価値ではなく、神話そのものを拡大したのである。

音屋吉右衛門にとっての不幸は、彼らの「音じたい」を聞く者はいないということである。音屋は山本正之との差異においてしか消費されない。本来どんな音楽も他の音楽（たとえば「アニメ主題歌とはこういうものだ」という前例）との差異によってしかとらえられないが、『ヤッターマンの歌』という同一インデックスは二重に彼らを苦しめる。しかし本音を想像するなら、音屋もそして番組制作者も、同一タイトルのリメイクという企てにおいて勝利を確信していたはずだ。「ヤッターマン与しやすし」と。だろうな、「宇宙戦艦ヤマト与しやすし」とは誰も思わないけど。なんだか、低く見積もられてしまったあのスキだらけの奴らが愛おしくも思えてくる。結果は、音楽性においても、またアニメ作品性においても、旧作は思ったより手強かった（新作本編はテンポの悪さが際だつ）。鼻くそほじりながら観られる作品は、鼻くそほじりながらはつくれない、というお話。

コンピュータ畑でつかまえて

不適切な場所にあるものはすべて不適切である

2008年3月
倖田來未「羊水が腐る」発言

ラジオというイヤ〜な道徳

松本人志のラジオ番組『放送室』が〇三年に書籍化（TOKYO FM出版）されたとき、その帯にはこう記されていた。

「ラジオやってること、誰にも言うなよ…」

ケータイやネットが普及する以前、自室にテレビを持たない中高生の誰もが一度はマンツーマンになったメディア、ラジオ。試験勉強の孤独をまぎらし、あるいは睡眠導入剤のようにスリープモードにして布団の中で聴いた深夜放送は、「密かな愉しみ」だった。

八〇年代の『ビートたけしのオールナイトニッポン』（ニッポン放送）にしろ今の『放送室』

にしろ、全国ネットの人気番組であり、本当は密かでもなんでもない。が、「誰にも言わない」を暗黙の了解とすることで、放送局とリスナーは共犯的に密室世界を形成してきた。『倖田來未のオールナイトニッポン』での「羊水が腐る」発言は、それじたいはなんの破壊力ももつものではなかった。いつものようにリスナーがわきまえ、「誰にも言わない」ことで密かな愉しみとして消費されるだけの平凡な〝燃料〟だった。この、共犯者にとってはなんでもない一節が、ネットを介し別のフィールドへ流出することで、またたく間に大火災となってしまったのである。

　ラジオにはラジオの、テレビにはテレビのリテラシーがあった。この可変リテラシーの世界はわれわれイヤらしい人間にとっては住みよかった。「羊水流出事件」後は、加速度的にラジオ的座標軸は崩壊する。情報社会のなかで、もうどうしたってラジオの密室性は消滅する運命であったし、その場に居合わせてしまった倖田來未には同情するが（エロかわいそう）、決定打としてのネタが「羊水」であったという点は注目しておきたい。

　時代が高齢出産に向かっているとか少子化が叫ばれているとかいった社会的要件は、発言の問題性には関係がない。出産とその周辺はそもそもタブーなのである。「羊水が腐る」発言は、出産的キーワードのもつ根本的な「タブー性」を乗り越えたところにむしろ「おもしろ」（倖田のオリジナリティ）があったのだが、その超克が拒絶されることで、内包していた問題《タブー》が再び露わになるという皮肉な事態となった。

ニッポン放送サイドからみれば、「羊水が腐る」というトバしネタじたいが深夜放送的なきわどさ＝商品であり、倖田來未に求めた「仕事」であった。だからスルーした。いや、正確にはスルーしたのではない。録音しておき、深夜一時に、中波に乗せて放送したのだ。

炎上への意志

「ラジオ放送」は、リスナーを生成する。それはいつも一回的である。リスナーという種族はあらかじめ存在するものではない。ある決まった時刻に出力された電波に耳を傾けたとき、人はリスナーになるのだ。

リスナーは『倖田來未のオールナイトニッポン』が深夜一時に電波に乗ってやってきていることを知っている。『オールナイトニッポン』が社会問題を語る番組でないことも承知だし、ふだんテレビで見ているタレントが、ラジオではいつも以上にハメを外しがちなことも知っている。深夜一時のラジオなら「羊水が腐る」可能性もあることをうすうす認めているのだ。

ネット時代、デジタル複製の時代に「放送」の一回的な刻印は無力である。放送内容から任意に書き起こされた文字はさらにコピペされ、動画サイトにアップロードされた音声ファイルは分断されたまま増殖する。

今回の事件を機に、ニッポン放送はもちろんすべてのラジオ局が「ラジオ放送に特化されたガイドライン」を見直すだろう。複製され二次テクストになっても問題のないように放送内容を平準化することになる。伊集院光@ラジオも、もう安穏として毒舌キャラではいられないかもしれない。まったくありがたくないことだが、われわれはこうしてわれわれ自身の手でおもしろのシュートコースを狭めていくのである。

「羊水が腐る」発言のアーリー・リジェクター（初期拒絶者。アーリー・アドプターの逆）がどんな層かは知らない。どんな意図で二次テクストを起こし、広めようとしたのか。いずれにせよ「問題発言」の要件さえ満たせば、ネットを介してたちまち炎上させることができるのが現代である。キリン、コーセー、ホンダ、森永ら、倖田來未を広告塔として利用していた企業がすぐさまネットから倖田の写真を削除したように、リスクを嫌う広告業界の過剰反応が、この炎上プログラムの発動に大きく寄与しているのも事実だろう。

まるで「炎上への意志」とでも呼ぶべきものがそこにはある。人々は何かが炎上するように炎上するように評価し、行動している。炎上とは、リスクを燃やすことである。リスクを燃やし消し去ることに反対する者はいないから、この課題は提出と同時に遂行される。そのとき用いられる小道具がネット＝無数のコンピュータだとすると、これはもうユビキタス・コンピューティングの世界ではないか。

「そこらじゅうにあるコンピュータ」（の中のひと）が、好き勝手にリスクを探しだし、別のコンピュータ（ネット）に告げ、広める。どこにリスクがあっても、どこかのコンピュータがみつけて通報するから、リスクは発掘し放題である。局所的なリスク発見から炎上までの動きをマクロでみたとき、それはオートマチックな「炎上への意志」である。遍在するコンピュータがみずからリスクを発見し、颯爽と排除プログラムを発動している。

悲観的な話をしているのでもないし、ユビキタスというバズワードに質量を与えようと試みているのでもない。「サイバー社会VS倫理」における倫理の後手後手っぷりを確認しているのである。ひとは、まるでインフラの一部のように、かならずサイバー側に荷担する。そうして、倖田來未は排除された。芸能人・有名人に特化した営業が成功しているアメブロ（サイバーエージェント）は、いまや人力の炎上防止機能で太刀打ちしようとしている。噂では「マーボー豆腐は飲み物です」という若槻千夏のブログタイトルが「不適切」（＝マーボー豆腐は食べ物である）に当たらないかどうか専門チームに検討させているとか、いないとか……。

「おバカさん」の発見
六角形の等価交換システム

『クイズ！ヘキサゴンⅡ』フジテレビ
2008年4月

タレント大増殖の怪

クイズ番組人気がとどまるところを知らない。この春の改編で、フジテレビの一九時台は火曜を除いてすべてクイズ番組になった。

ブームを牽引しているのが『クイズ！ヘキサゴンⅡ』である。番組のウリは、里田まい、スザンヌ、つるの剛士といった「おバカさん」（番組で用いられている婉曲表現）たちのくりだす珍解答。その活躍ぶりは、クイズ番組の枠を越えておバカタレントブームをよんでいる。

おバカが人気を博し、タレントの一ジャンルにまでなってしまったのはなぜか。おバカの存在は視聴者に優越感、安心感をもたらす、というのが近視的な答えだろうが、それでは人気（結果）

の説明にしかならない。オレが問いたいのは、なぜおバカタレントが生まれ、あるいは要請され、この時代に存在させられたかである。

現在もある正統派のクイズ番組といえば『パネルクイズ　アタック25』（朝日放送）である。一般人が知識の量を競うもっとも古いタイプの番組であり、もう三十年以上も続いている。かつて多数を占めていたこの視聴者参加型クイズは、やがて解答席にタレントがつきはじめるという単純な力学で駆逐されていった。時代とともにタレントが多様化し、「クイズ番組の解答者」という商品性を身につけるようになったのである。

タレント枠の拡大はなにもクイズ番組に限ったことではない。「お宅拝見」であろうと「壮絶闘病体験」であろうと、むかしの芸能人ならひた隠しにしていた部分が次々と切り売りされ、その種の番組のタレント議席獲得に結びついている。『大改造!!　劇的ビフォーアフター』（テレビ朝日）の成功で住宅リフォームがネタになるとわかれば、今度はタレントの自宅のリフォームをテレビで映す（『今田ハウジング』日本テレビ）といった具合である。

こうしたタレントの多様化、なんでも屋化に、「情報公開」という時代の趨勢をみることは可能か。情報の秘匿がまるで悪徳であり、なんでも公開することをよしとする社会のなかで、表と裏を使い分けるタイプの芸能人はその立場を危うくしている。抵抗をあきらめて流れに身を任せれば、時間とともに表裏の境界はなくなっていく。「情報公開」という能動的イメージよりも、まるでエントロピー増大の法則に従うように、芸能人としての内外の境界は霧消し、混沌とした

「テレビなんでも屋」になっていく。誰もが子供時代のイジメ体験を吐露し、勝負パンツを公開し、ドッキリに引っかかる。いまやテレビを観ることはタレントを観ることと同義になった。

タレントが増殖し、みなが「なんでもやります！」の旗をあげ、議席を確保しようと島田紳助や明石家さんまにすり寄る。「クイズ番組は多すぎるタレントをもっとも効率よくさばくことのできるシステム」（ナンシー関）であるとしても、なぜわざわざ知識を競う番組に出てきて大声で誤答するまでになったのか。

これも「情報公開」の流れ、「タレントロピー増大の法則」のなかにその因子をみつけることができる。人々の興味の矛先は、ついに頭の中、出力前にまで到達したのである。

6×3＝？

「おバカさんたちは何を勘違いしてしまうのかが明らかになるコーナー」（『ヘキサゴン』番組HPの宣伝文句）である「脳解明クイズ」では、算数の文章題が出され、おバカさんたちが時間をかけて一生懸命解答する。「二割引」をわざわざ野球の打率「五打数一安打」に変換して考える（上地雄輔）といったおバカさんのおもしろ脳内が、徹底的にテレビに映し出されていく。

売れるものはなんでも売ってきたテレビタレントたちが、クイズ番組という市場でまだまだ売り切っていなかったもの、それが「おバカな頭の中」であった。『踊る！さんま御殿!!』（ＴＢＳ）

などのトーク番組ではさんざんバカ話を披露してきた彼らだが、クイズ番組への参加テクニックとして「誤答する」という道が残されていたことに初めて気づいたのである。ならばおバカであることを徹底的に情報公開すればいい。

時代がおバカの発露を受け入れるところまできていたとしても、商品化＝テレビ番組化には制度上の飛躍が必要である。そこで登場したのが『ヘキサゴン』のタレント配置システムであった。事前のペーパーテストで十八人の出演者に順位をつけ、バランスよく三つのチームにふり分ける。クイズはこの三つのグループの対抗戦で行うから、予選順位がそのままグループ内で求められる仕事率（クイズ正解率）になるのだ。

クイズ番組の正統的出演者である知性派タレント（山本モナ、アンガールズ）と、かつてはそこに居場所がなかったはずのおバカタレント。多様な人々が一蓮托生で知力に応じた働きを目指す。ここでは「知性」と「おバカさ」はまるで等価交換されている。知性（優越）はおバカ（劣等）を欲し、おバカ（ボケ）は知性（フリ）を欲する。おバカタレントは安心して分相応の解答（誤答）をすればよい。それがこの番組における仕事とあらかじめ分配されているのだから。

過剰の一途をたどるタレントを、ペーパーテストというモノサシで計測可能にし、分類、配置可能にした。この等価な六人×三列の商品陳列システムこそが『ヘキサゴン』の発明である。それは新たな商品を内側に生み出した。「おバカさん」の誕生である。

で、いまさらだけど、ゆうこりんはどこの陳列棚に入ったらいい？

笑うか笑わないかはあなたしだい
表情筋コントロール装置との闘い

2008年5月
『爆笑レッドカーペット』フジテレビ
『ザ・イロモネア』TBS

そして芸人はフリー素材になった

特番で何度か放送されていた『爆笑レッドカーペット』（フジテレビ）と『ザ・イロモネア』（TBS）がどちらもレギュラー番組になった。お笑い界はまるでエクスパンション（球団拡張）直後のMLBのようである。出演芸人の頭数をそろえるのに精一杯であり、質の低下は明らかだ。『レッドカーペット』は、もとよりエキスパンション・ドラフトを兼ねた若手芸人の見本市であった。知名度のある「笑い飯」や「ますだおかだ」の出番がまるで保険のように挿入されるが、番組の核はむしろ「マイナー芸人の発見」のほうである。

全国では顔の知られていない芸人が次から次へと登場し、ごくごく短いステージをこなしては、動くカーペットに乗せられたまま舞台袖へと消える。そこは「お笑い」「芸」が試される場というより珍獣を観察するためのステージである。この新手の商法が受け入れられてきたのは年に数度の特番＝非日常性ゆえである。われわれは出演者に多くを求めず、笑えたら儲けもん程度の気持ちで競り台の上を流れていく芸人を眺めやっていた。

その『レッドカーペット』がレギュラー放送になると聞いたときの違和感。いや、このイヤ〜な感じは違和感というより被征服感に近い。縁日で売られているピンク色のヒヨコは、その場では魅力的だが、買って帰ればかならず持てあます。『レッドカーペット』の二二時台レギュラー化は、縁日で買ったヒヨコがうっかり生き延びて、家の中でバカでっかい鶏を飼うハメになった感じなのである。

世界は「くまだまさし」の投げっぱなし感を欲しているのか。「ＴＫＯ」と「芋洗坂係長」のコラボ芸が見たいのか。共犯関係が成り立つとすれば、それは演るほうも観るほうも「せいぜい一分が限界」という点においてである。この番組に構築型のネタは存在しない。

非構築型のネタが悪いというわけでもないし、「一分限定のミニ構築と破壊」がスタイルとして定着していくのかもしれない。お笑いそのものが何かの構築を目指すものではない以上、笑いの未来形がどうあってもかまわない。ただ、少なくともこの『レッドカーペット』には、まるで「YouTube」などの動画サイト用に「最初からリミックス素材として世に出された感」がまとわりついている。

司会の今田耕司が、稚拙なネタのあとに絶妙なフォローをする。そこで幾多の芸人が救われる。あたかも、今のネタはそのままではイマイチだが、こう料理すればおいしく食べられますよとでもいうように。そんな場面も含めて、この番組は毎週ストックの増える動画素材置き場と映ってしまうのだ。

笑いの監獄の誕生

それにしてもウンナンそろっての司会には緊張感がある。いや、たんにこの二人が並んでいる姿を長いこと見てなかったから、というだけなのだが。

『ザ・イロモネア』における実際のウンナンの司会ぶりには特筆すべき点がない。主役が他にあることをわきまえ、気配を消している。番組の主役とは、「一発ギャグ」「モノマネ」「ショートコント」「モノボケ」「サイレント」というそれぞれ決められた五つのテーマに沿ってスタジオの一般客の笑いをとりにいく芸人のこと……ではない。この番組が大胆にクローズアップしてみせたのは、われわれ視聴者の「笑う」という行為それじたいである。

番組観覧者一〇〇人は、放射&階段状に並んだ席に座っている。その中心に芸人が立ち、ランダムに選ばれた観客五人（誰が選ばれているかは芸人にも客席にもわからない）のうちの三人を一分以内に笑わせなければならない。四つのステージをクリアし、最終ステージで五人すべてを笑わせることができれば賞金一〇〇万円。選ばれた五人の顔は、芸人が笑わそうと奮闘している間、つねに個別のワイプ画面で押さえられている。笑ったとたんにワイプ画面はグレイアウトするため、誰が笑い、誰が笑わなかったかが視聴者にもわかる。

芸人の繰り出したネタがおもしろかったかどうか、その判定と番組の展開が誰でもない一般人五人にゆだねられている。五人がどういう経緯でその席に座っているかは知らない。劇団員が混ざっていようと、笑わない役の者が潜んでいようと、いずれにせよ映し出されているのは一般人のレッテルを貼られた、見たこともない女性、もしくは男性、二十代、あるいは三十代の個人である。

芸人と客は一対一〇〇の関係にあり、選ばれた五人が誰かわからない以上、仮想敵を芸人が見据えることはできない。衆人環視の孤独な戦い、と映るかもしれないが、逆である。すべての観覧席の客が、その顔色を芸人サイド＝カメラサイドから監視されているのだ（！）。

ミシェル・フーコーが管理社会の比喩モデルとして取り上げたことで知られるパノプティコンは、もっとも効率的な監獄建築として考案されたものである。放射状に配されたいくつもの独房を中心の塔から監視者が一望できるようになっており、また独房にいる囚人から監視者は見えないため、たえず監視の目を想定させられることになる。このパノプティコンの囚人と同じ状態に、観覧席のそれぞれの客は置かれているのである。

視聴者はワイプの中の誰が笑ったか、また笑わなかったかをカメラを通して監視している。しかし、われわれ自身の役回りは笑わせる側でもなければ、客が笑ったかどうかを監視してグレイアウトのボタンを押す役でもない。むしろワイプの中の誰かと同じ、自由に笑うか、または笑いを我慢する役なのである。つまり、この監視窓の五人は視聴者自身でしかなく、われわれは自身の笑い、表情筋の動きを内側に監視しつづける。

番組を観ながら、たむけんには絶対一〇〇万獲らせてなるものか、と仮想しつつ必死で笑いをこらえる視聴者はいまい。しかし、自分が笑ったか、笑わなかったか、そうした内的監視は無意識のうちに行われるだろう。

ちょうどいいところで笑え

『イロモネア』は番組として続くか。それには、われわれ視聴者を番組に呼び込もうとする原動力=笑いの監視システムが「権力」として意識されないことである。観客席の一〇〇人に与えられている「一般人」という属性、そこから五人をランダムにサンプル抽出するという統計学的な手法は、権力の巧妙な実装に一役買っている。難点を挙げるならば、選ばれた五人の「笑った／笑わなかった」の判定の困難、消せない判定者の存在だろう。バラエティでなにもそこまでと思うかもしれないが、『イロモネア』が『クイズ$ミリオネア』(フジテレビ)から拝借しているのはそうしたルールの厳密さ、緊迫感であり、芸能人採点による「大笑い」の大盤振る舞いで景気づけを行う縁日的営業の『レッドカーペット』とは根本的に異なる。

さて、笑ったかどうかの判断は外部からなされるにしても、「笑った／笑わなかった」ことじたいは「採点」と呼ぶような行為ではない。それは身体の問題に属する。『イロモネア』は、ほどよく笑いをこらえ、ほどよく笑うような「従順な身体」（フーコー）を訓練し、つくりあげようとするだろう。

本当の笑い教えてよ壊れかけのテレビ

下流社会へのレクイエム

2008年7月

『FNS27時間テレビ!! みんな笑顔のひょうきん夢列島!!』フジテレビ

フジテレビは好きですか?

二〇〇五年のベストセラー『下流社会』(三浦展著・光文社新書)が三〇〇〇人アンケートによって導いたテキ&トーな結論に〝「下」は自民党とフジテレビが好き〟というのがあった。まあ真偽はともかく、フジテレビなんかにシンクロする者は下流であろうという先入観を、少なくとも著者はもっていたらしい。

「フジテレビが好き」という人たちはもちろんいる。そうした属性にすこしでも共通項を見出すなら、「バブル期によくテレビを観ていた人々」程度のことはいえそうな気がする。バブルの能天気さとテレビとの合体が、フジのバラエティでありトレンディドラマだった。バブル時代への郷愁を失わない（というキャラ設定の）青田典子が「バブル青田」と呼ばれているように、あの頃のテレビをもっともよく観、青春とともに刷り込まれ、懐かしく思い出しがちな人々がいるだろう。彼らにはフジテレビが取り替え不可能な自分史の一部となっているにちがいない。

じつに八二年から九三年まで、バブル期（八六年～九一年頃）を丸まる飲み込むかたちでフジテレビは連続視聴率三冠王を誇っていた。『オレたちひょうきん族』『オールナイトフジ』『夕やけニャンニャン』『東京ラブストーリー』……下流云々というより、当時の気分をすくいあげ、大多数に好まれていたのがフジテレビだったわけである。

「楽しくなければテレビじゃない」のキャッチフレーズとともにフジの黄金期はあった。この大号令を復活させたのが二〇〇四年の『27時間テレビ』であり、同年フジは年間視聴率三冠王に十一年ぶりに返り咲くことになる。

で、今年の『27時間』。観た者なら誰もが感じたことだろう。あの黄金時代のフジテレビが完全復活したどころか、めまいをひき起こすようなスピード感でわれわれを取り残していったのである（！）。

ビートたけしの再来

『クイズ！ヘキサゴン』『笑っていいとも！』『ネプリーグ』『めちゃイケ』といった人気番組を、

『27時間』メイン司会の明石家さんまが横断するかたちで番組は進んでいく。「さんまイン人気番組」という構図よりも、島田紳助、タモリ、ネプチューン、ナイナイといった面子とさんまとの珍しい絡みが見どころである。とくに『HEY! HEY! HEY!』でのダウンタウンVSさんまは、おたがいがまったく歩み寄ることなく間合いを計ることに終始し、なんともいえない緊張感があった。

意表をつかれたのがビートたけしの不定期登場である。紳助やタモリとの逢瀬は、彼らの番組へのさんまの訪問というかたちであり、同窓会のように和やかなものだったが、たけしの部分は地方からの短い生中継というゲリラ企画。全国のいろんな名人を紹介する、というていで素人オヤジに扮したたけしが沖縄、東京、北海道、新潟と移動しながら登場する。まるで、大昔に『ビートたけしのオールナイトニッポン』（ニッポン放送）で弟子の東（現・東国原英夫）をイジめるためだけにやっていた地方トバしネタを、みずからがトバされることで再演しているようだ。

最初の沖縄中継のときから、たけしは舟に乗り込むくだりで海に落ちる。東京のスタジオで、さんま、くりぃむしちゅー、次長課長、アンタッチャブルが見守るなか、わざわざ五分やそこらの中継のために沖縄まで出張してのダイブ。いまや世界のキタノとなった男が、この日はビートたけしになりきっている。このあとも再び海に落ち、花火の暴発に巻き込まれ（東京）、落とし穴に消え（北海道）、ダッ◯ワイフを背負って祭りに参加（新潟）と、各地から『27時間』を盛りあげる。

仕上げは『27時間テレビ』で伝説の題目となっている、さんまの愛車の「車庫入れ」。東京に戻ったたけしは、例によってさんまの車の車庫入れに失敗し、傷をつけることになるわけだが、今年はその演出にナイナイ岡村の車が加わった。二台の車両はたけしの手でペンキまみれになり、ぶつけられてボコボコになる。最後はホリケン、雨上がり宮迫、小島よしおも参加しての大ペンキ合戦。どさくさのなか、今田耕司がたけしの運転する車に軽〜く轢かれる（コラコラ）ハプニングも飛び出した。

タイムスリップした放送コード

「これ二〇〇八年ですよね」

ペンキまみれの宮迫が最後にポツリと言った。

観ている者も演じている者も、今年の『27時間』が現代の放送コードを超えてしまったことに気づいていた。いや、超えたのではない、放送コードのほうが一九九一年（車庫入れネタの初年）に戻ったのである。あの時代への郷愁がビートたけしを突き動かし、とてつもない牽引力で番組ごと九一年へとタイムスリップさせてしまった。

一コーナー挟んで、番組エンディング。ＢＥＧＩＮの歌でしんみりと幕を閉じるかと思われた瞬間、『オレたちひょうきん族』（フジテレビ）のタケちゃんマンに扮したたけしが再びスタジオをジャックする。自腹で三八万円出して用意したというポン菓子（米を膨張させたお菓子）製造機をリヤカーに載せて現れた彼は、出演者一同の集まったスタジオにポン菓子の雪を降らせる。

たけしがいまさらのように芸人として大爆発したのにはワケがあった。ながらくフジテレビのバラエティを支えてきた三宅恵介（今年の『27時間』総合演出）が間もなく定年を迎え、最後の花道を飾りたいと『ひょうきん』世代のタレントに声をかけたというのだ。こうした事実が最後にたけしの口から伝えられたとき、彼やさんまがこの番組に対して骨身を惜しまなかった理由が理解できた。と同時に、この祭りが一回的なものであり、燃焼しつくしてまっただろうことも。けっきょく三宅氏の退社が二年延びたため、また再来年も『27時間』よろしくというオチはついていたが、これほど大がかりなタイムスリップなどそうそうできるものではない。

あなたは二〇〇八年の『27時間テレビ』の乱痴気騒ぎをどうみたか。かつてテレビ朝日の伊藤邦男社長（九八年当時）が「サッカーは貧乏人のスポーツ」と蔑んだように、「フジテレビは下流人間が観るテレビ」とでも思っただろうか。下流がたんに「お金を持っていない」という意味なら、「下流で何が悪い」とビートたけしは思っているだろう。二台の高級車に浴びせたペンキは、貧しいペンキ屋のせがれだったたけしがタイムスリップするための小道具であり、また番組の最後に降らせたポン菓子の雪は、日本人の大半がまだ貧乏だった頃、下流時代への郷愁そのものだったのかもしれない。

口パクから伝わる真実もある
北京五輪LIVE中継の逆相

『北京オリンピック開会式』
2008年7月

本当にツッコむべきはどこか

あれだけ無造作に繰り出されるボケのひとつひとつに丁寧なツッコミを入れられるのは、当代では髭男爵くらいかもしれない。苦笑いしながらグラスを鳴らしつづけ、下げはこのキメゼリフ。

「逆に訊こう、何がイケない?」

二〇〇八年のオリンピックの舞台が北京になったのは、いまやCO2排出量世界一を誇る大国・中国がこれ以上国際社会から落ちこぼれないためのカンフル効果を期待してだったはず。なのに、武装警察によるチベット弾圧、聖火リレーのトーチ争奪戦、国内でのカルフール不買運動と、始まるまえから暗雲たれ込めて、結果的に人工消雨のためのロケットを一一〇四発も打ち込まなければいけなくなったのは周知のとおりである。

開会式でさっそく飛び出した「CG花火」、「口パク少女」、そして「少数民族代表の五六人の子供がじつは全員漢民族」。国家の名において配信された国際映像に「捏造」があったことが、人々の大きく騒ぎ立てる理由なのだろうか。トンデモの分野にいまだくすぶる「アポロ11号月着陸映像スタジオ撮影説」と比べると、どの捏造も小さく可愛らしい気もするが。

それよりも、この開会式の映像に接したときにわれわれテレビ視聴者の内部で起こった出来事を、いま一度振り返る必要がある。あなたはリアルタイムで何を受けとめ、後に事実を知らされたとき、何に騙されたと感じたのか。

記憶のなかの足跡

二九回目のオリンピックを意味する二九個の足跡が北京上空を闊歩し、徐々に「鳥の巣」に近づいていく。この花火の演出はすばらしかった。岩井俊二のドラマ『打ち上げ花火、下から見るか？ 横から見るか？』（フジテレビ）はそれだけで食指が動くロマンチックなタイトルだが、まさか打ち上げ花火を「上」から、それも北京の街を背景に拝むことができるとは。

こんな映像は観たことがない――その刹那、CGという疑念ももちろん脳裏をかすめた。人は判断ともつかない判断を知らずに重ねている。これはオリンピックの国際映像だ、NHKは中継してるだけ、画面の片隅に「ＬＩＶＥ」の文字……。「ＣＧ映像を差し挟んでいる」という可能性のほうが低い、当然実写であろう、と無意識のうちに結論してオレは花火の映像に心を躍らせていた。らしい。

結果的には「騙された」。が、オレはあの足跡がじつはＣＧだったと聞かされてもがっかりはしない。なぜなら、ＣＧを実写と信じたことで楽しめた、得をしたからである。さらに言うなら、あの花火を観ていた人々はより重大な思い込みをしていた。足跡のように見える図像は、じつはただのドットの集積で、空中を闊歩する巨人は存在しなかったのだ。われわれはありもしない巨人の姿まで脳内で完成させていたのである。

内幕をバラしてしまったＣＧ制作会社のほうがむしろ問題だろう。が、リークした理由は功名心・宣伝という単純なものだからこれも気にはならない。一番おかしいと思うのは、一度はおかげさまで楽しく騙されておきながら、「真実」などというわれわれのテレビウォッチングにいっさい無関係な輩に恫喝され、記憶（あの花火はすばらしかった）まで書き換えようとしている視聴者がいることである。そんなあなたには、芸術家マルセル・デュシャンの墓碑銘をもじった次の言葉を差し上げよう。

「されど、騙されるのはいつも自分」

スマスマがもたらす不幸

「口パク少女事件」はどうだったか。歌と映像のあまりの乖離に、始まったとたん、誰もが口パクではないかと疑ったと思う。見慣れた演出のひとつであり、なんらかの理由で録音を選択したのだろう。まあ可愛らしい少女かもしれないが、張りついたような笑顔がちょっと気味悪いな……。しかし、中国の演出は想像の上をいっていた。たんなる口パクではなく、丸ごと替え玉だったのである。

この「二人で一人作戦」はテレビを観ていたオレにほとんど利益をもたらさなかった。歌唱を担当した少女がそのまま出てきて生でせいぜい（©福田康夫）歌ったほうが音楽としての感動は大きかったかもしれない。口パクではないかと喝破されてしまった「メリットのない偽装」が、真実として「また別の偽装」であったという事後報告。そんな報告は三日後だろうと五年後だろうと意味がない。

過去（の自分の感情）への評価を現在からやり直す愚。そのやり方は決まって「真実であったかなかったか」である。人々の唯一無二の好物「真実」を支えるものの正体は何か？　それは、テレビ画面の右上の文字「ＬＩＶＥ」である。

「ＬＩＶＥ」とは、言い換えれば「いま、ここ」「現前」である。花火も、歌唱も、いまここにビジュアル（視覚）とオーディオ（聴覚）とが一致団結してはせ参じなければ「現前」とは呼べない。現前でないものは真実ではないから、感動をもたらしてはくれないのだ……。

だが、「現前の不在」がそのままわれわれの不幸ではないことは、たとえばＳＭＡＰの存在が十全に報告している。『ＳＭＡＰ×ＳＭＡＰ』（フジテレビ）では、ふだん他の番組でよく見受けられるような口パク演出ではなく、メンバー全員が本当に歌っている。そのあらたかな現前《オンチ》は、あるときに大新聞の投書欄を賑わし（「スマップの歌があまりに下手」読売新聞二〇〇三年三月一三日付）、またゲストのＴＯＴＯスティーヴ・ルカサーにリハーサルを中断させた（『週刊文春』二〇〇八年四月二四日号）。国民的アイドルのＳＭＡＰだが、毎週月曜の夜一〇時に彼らが歌手として現前（といっても録画だが）することがかならずしも国民総幸福量（ＧＮＨ）につながるとはかぎらない。こうしたケースでは、口パクこそが正解であり、正統であり、真理の座に座るべきなのである。

あとがき

　いま、わが家のテレビが真っ白である。数カ月ほどまえからだんだん見苦しくなっていったのだが、ついに白黒が反転するまでになった。この画面の中に映る人物は誰であろうと、素性を明かせない闇社会の証言者のようである。

　裏パネルを見ると、二〇〇一年製とある。ブラウン管式とおさらばして初めて買った薄型が、このシャープの液晶・ＡＱＵＯＳだった。観ていようが観ていまいが点けっぱなしの日々。彼には過酷な労働だったろう、およそ七年で壊れたことになる。いや、まだ機嫌よく映してくれる日もあるから、これは、壊れかけのテレビか……。

　一九九七年に始まり、二〇〇八年にまでおよぶ長いテレビ観光、いかがだっただろう。この本を手に取り、読んでしまったという点において、あなたはもともと「テレビ鑑賞家」であったか、そうした性向を少なからずもっていたのかもしれない。

テレビに対する筆者のスタンスをいまさら説明する必要もないが、ひとことだけ言っておきたことがある。それは、テレビ放送はとてもありがたいものであり、また、しばらくはありがたいものでありつづけるであろうということである。たぶん、フジテレビ・軽部真一アナが定年退職するころまでは。

「ありがたい」の意味はさまざまである。放送は免許事業であり、既得権となっていて新規参入が難しい。いま観ている以外の放送、放送体制がまず、有り難い。テレビの黎明期よりもう五十年間も現布陣のままであり、ライバル企業も現れぬまま（もちろん妨害行為もありよ）長期安定経営が行われてきた。新卒の就職先としても、テレビ局はつねに最難関のひとつである。

強大であるからこそ、既得権に人々が群がるからこそ、そこにはとてつもなくおもしろい絵が生まれる。おもしろい絵の一部になろうとする人々は、ひっきりなしにやってくる。われわれはそれをリモコンで、キーワード録画で、チョイスするだけでいい。これは、とてもありがたい。

「ありがたい放送を黙って聞いてろ」

ライブドアとフジテレビの悶着を扱った二〇〇五年三月のコラムの一節である。インターネットユーザーが、ネット空間の無尽蔵さ、無法さに依拠し、むやみな権利を主張しつつあることに冷や水を浴びせたものであり、同時に、鑑賞家になる気概のないわからん子ちゃんに向けた叱咤であった。しかし、このときオレは、すぐあとに起こる、あるいはすでに起きつつあった出来事に対して、じゅうぶんな見取り図が用意できていたとは思えない。ネットの成熟である。

テレビのありがたさの理由は、それがミツバチたちの集めた蜜壺であるからで、われわれ観賞家は、くまのプーさんよろしくその大きな蜜壺を狙い撃ち、腕が漬かるまで手を入れてもてあそぶことができた。ネットは、まだまだ蜜壺にはほど遠い。なぜならそれは、新聞、テレビといった大メディアの壺からこぼれ落ちた蜜を寄せ集めただけのものだから。ニュースポータルの「ヤフー・ニュース」は、あらかじめ仕事を〝パッケージ〟に特化しており、その限りにおいて意味はある。が、それでは中央集権型メディアの焼き直しにすぎないし、何よりおもしろの対象にはなりえない。他人のフンドシが似合っているかどうかには興味ないのである。

こうしたオレのマスメディアの見取り図はしかし、ネット側の寄せ集め技術の向上で、あっさりと乗り越えられていく。たとえば「del.icio.us」「Last.fm」のようなソーシャル・ブックマーク、ソーシャル・ミュージックサイト。ここに、オレは旧メディアの中央集権制度の曲がり角を痛切に意識させせられることになる。「ウェブ2・0」というバズワードの王様のような言葉があるが、てっとり早く言えばそうした新時代の予感である。日本でこの「ウェブ2・0」が広まりだしたのが二〇〇五年半ば頃であり、「Last.fm」の始動が二〇〇五年八月だった。

「Last.fm」は、各ユーザーが聴いている音楽の情報を一曲ずつ記録していき、どのアーティストを何曲聴いたという統計的なプロファイルを作り上げる。集積したリスニング動向を全世界にいるユーザーのものと併せて解析することで、好みに合うであろう曲ばかりをかけてくれる自分専用のインターネットラジオが自動生成される。その名のとおり「最後のＦＭ」というわけだ。数千万人いるとされる利用者の再生履歴が、あたかもモザイク画のように端正な絵を浮かび上がらせる。中央集権時代の選ばれたＤＪや音楽評論家は、そこにはいない。

石から玉を選り分けることの難しいメディアとして、蜜壺にはおよばない粗悪な甘味料として位置づけていたネットが、無視できないものになってきた。一人の画家よりもみんなで描いたモザイク画のほうがより正確であり理想的である、とかいった意味ではない。中央の物理的な蜜壺以外の場所に、蜜と同じような甘さをもったものが営々として集められているさまを見てしまったからである。これが単純なネットアンケートなどと違うのは、中央へ結果を集めることがあらかじめ強い動機として働いているのではなく、ある偏差のようなかたちをとって、さまざまな場所に情報が遍在しているようにイメージされることだ。

蜜の遍在については、「YouTube」を抜きに語れない。このサービスの開始が二〇〇五年一一月であり、あとの展開は誰もが経験として知るところだろう。

「YouTube」や「ニコニコ動画」は、まさに放送としてのテレビを相対化するものとしてある。この時代に起こるべくして起こり、あっというまに世界を飲み込んでいった。本書はそれを詳述する場でもないし、その用意もない。ただ、この自家薬籠的メディアは、テレビをわれわれの手で解体し、自由に遊びつくす場所である。それは、こうして長いこと時間をかけて紡いできた「テレビ鑑賞家」という言葉と、奇妙にも共鳴するものだと考えている。

最後に。本書は、十余年にもおよぶ雑誌連載の集成である。連載時のタイトル「TVブレイクビーツ」は、古いレコードからリズムなどの部分だけを抜き出して新たな別のサウンドを組み立てるDJ音楽になぞらえている。このタイトルを免罪符に好き勝手なことを書き連ねてこられたことを、歴代コラム担当編集の西條貴介氏、柴田洋史氏、島村祐介氏（三氏ともに竹書房）、それから安田真悟氏に感謝したい。

こうして一冊の本というかたちをみるまでに、独特堂・米山雅司氏にはひとかたならぬ尽力をいただいた。また、埋もれようとしていたコラムたちをもう一度読者のもとへ連れていってくれた情報センター出版局にも、合わせて深謝の意を表したい。

さて、脱稿である。白いテレビでも観るとしよう。

二〇〇八年秋　地デジ化に向かう気配のない自宅にて

モリッシィ

「テレビ鑑賞家」宣言

発行　2008年11月11日　第1刷

著者　モリッシィ

発行者　田村隆英

発行所　株式会社 情報センター出版局　EVIDENCE CORPORATION
〒160-0004　東京都新宿区四谷2-1 四谷ビル
電話 03-3358-0231　振替 00140-4-46236
http://www.4jc.co.jp

編集　米山雅司［独特堂］

印刷　中央精版印刷株式会社

©2008 Morissie. Printed in Japan

ISBN978-4-7958-4962-4 C0095
定価はカバーに表示しています。落丁・乱丁はお取り替えいたします